疯狂的冰箱

第 1·2·3 季

明星chef们的
料理魔法书

鲍晓群 编撰

上海书店出版社
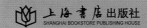
SHANGHAI BOOKSTORE PUBLISHING HOUSE

序

黄飞珏

2016 月 4 月 9 日开始，数以百万计的上海观众开始狂追星尚频道的一个电视节目，叫做《疯狂的冰箱》。

主持人、嘉宾、厨师，比比菜、吃吃饭、聊聊天，一不留神就火了。

因为做过两期嘉宾，经常被亲朋好友问起《疯狂的冰箱》里主持人和厨师的事，先借这里的机会，给大家扒一扒。

一姐是厨师里面唯一一个女的，很多人问为什么起这个名字，我从字面的理解，应该是厨界手艺一流的从业人员。不过，我可能更感受到特别的，是她的英语名字，杰奎琳。都知道，肯尼迪夫人，总统老公死了后改嫁了希腊船王，魅力无边。要说长相，一姐也就是中上，但是举手投足有妖娆的味道，尤其是烧菜那会儿。不过她教训起另外一个厨师小熊的时候，你会以为是妈在骂儿子呢。小熊大概是她徒弟，至少辈分比她小，对她总是恭恭敬敬的。

杨文是帅哥，个子有 1 米85，电视里看不出来。

Brian 是东南亚人，做得一手好甜品。万蒂妮在节目中吃他的甜品吃得哭出来不是做戏。当时他做了两份，还有一份是我吃的，那瞬间的感觉如同电击，以至于让我怀疑食材里面是否有兴奋剂。其实也没有，有的就是手艺。

主持人路易是我认识多年的朋友。因为长得帅，很得女孩子欢喜。私下透露，其实他是个络腮胡子，两天不刮就是一脸青，一周不刮就是马克思。路易有点长不大，容易动感情。

万蒂妮是电视界为数不多的，即便不化妆也很漂亮的主持人。十多年前她刚出道时，我很不待见她，因为我手下的一个女记者专访她时，夸赞她的美貌和聪敏、感叹上苍对她的好云云，结果她回了一句：那是你做的还不够好……够傲娇吧？后来有次见她帮罗玉凤挡鸡蛋弄得一身脏，感觉一下子转了一个弯。后来在一档节目中长期合作，熟了。有段时间，我的节目一夜之间全部下架，在电视台所有认识的人当中绝对不算熟稔的她却是唯一一个来电问候的。这事我会记一辈子。

之所以很不知羞耻地八卦了《疯狂的冰箱》所有的台前人士，那全是因为我想报复。在两次节目当中，路易和万蒂妮问了我无数的八卦。特别是恋爱、婚姻、家庭的故事。还不说不行。好吧，现在轮到我来八了……哈哈哈。

谁人背后不说人，谁人不被他人说。只要不是中伤，说说又何妨。《疯狂的冰箱》里厨艺比拼很精彩，但是真正让它成为大热节目的原因不是菜，而是说。主持人、嘉宾、厨师，大部分时间都坐着，说自己的故事，听别人的经历。主持人很执着，其他节目不敢问的，都问；主持人也很真诚，倾听你的叙述，努力理解你的经历背后的意味，与你感怀分享。

两次录节目，都超时了，因为聊着聊着居然会忘记是在做节目，而是和朋友在餐桌上聚会。彼此没有顾忌地说些有意思的事情。

所以，《疯狂的冰箱》除了以上这些人之外，还有些更重要的人——幕后的编导、策划、制片人。是他们预设了这样的一种方式，邀请我们参与体现。

我觉得我能够很深层次的理解并说出编导们的意思：我们的时代很丰富，但也很浮躁；我们比先人做事快很多，但是我们也丢掉了许多慢的乐趣；我们尝遍天下珍馐，却经常忽略和我们一起吃饭的人。以成功为人生价值导向，我们总是在急急地赶路，生怕被社会拉下；追求着金钱、名誉、地位……却忘了人生的本原。100 年后，或许你做了什么、成了什么还有些偏门的互联网库里找到的；1000 年后，我们几乎全部被忘却，个别被记住的也就是简历和符号……问题是地球还要存在上亿年。所以人生的本原就是现在。现在我和你坐在一张大桌上，我们的味蕾被刺激而愉悦，我们的情感因为共鸣而起伏。

我们感受到实实在在的幸福温暖的人生，因为《疯狂的冰箱》。

是为序。

2017 年 2 月

主持人 & 大厨

路易

我们追求食物的本味，就好像我们在追逐最真实的自己！

万蒂妮

食物不仅仅能抚慰肠胃，还会在平淡的日子中温暖灵魂，内化成保护我们的盔甲，帮助抵抗寂寞的侵蚀，这是食物教会我的那些事。让食物变得好吃，不过是为了让所爱的人吃的幸福，这是成长教会我的。美食是品尝的音乐，嗅到的色彩，感受到的爱。

Jacqueline 邱琼　上海餐饮烹饪行业协会西餐专业委员会秘书长

用心做好每道菜。
用心成就好味道。
任何事情食材皆有其美，让食材完全呈现和变化出他的潜能，释放出他的味道和质感。
用好奇心不断探索，释放无限的想象力，充满热情，做好你心中那道你爱的菜。

料理小熊（朱文渊）
80后美食推广者·琉璃聚咨询有限公司 创始人

你每天这样工作不累吗？

人活着就很累。

如果哪天你觉得不累了，说明你活得不认真。

凭热情和激情对待烹饪。

我开心，因为看着你们吃的很幸福。

杨文　原文食艺美食课堂创始人 · YUN ITALY 云意意大利餐厅 主厨

演员粉墨登场演绎人生的悲欢离合，歌手绚丽多彩唱出人生的喜怒哀乐。唯独厨师没有光环，默默的用爱诠释这世间真爱的味道……用爱将真情转入美食中，深入你爱和爱你的人的心田……用心去感受这份温暖与告白。

Robin（孙斌） 华尔道夫行政饼房 厨师长

甜品师和甜品，早已被赋予了太多的浪漫色彩。人们总说，甜品师堪比珠宝师，而甜品更是美丽如梦。可对我而言，甜品如同一枚硬币。一面是甜蜜而惊艳，另一面则是创新途中的苦涩。可，无论是哪一面，它都是一种不可割舍的爱。

Brian
Brian hoF 创始人 · BTC 餐饮咨询 创始人

我喜欢美食，因为美食，我有幸能在不同国家工作过的经历。发现自己也喜欢旅游，享受旅行途中如我美食创作和创业一样的带来不确定性的体验。

人因美食而聚，也可因它而离；因为，没有不散的宴席。食物带来不仅是它本身的味道，亦是制作它的人和享用它的人的故事。

一个不起烟火的家，是淡而无味。

魏浩康 沪上当代百厨 · 汇庭私家会所行政总厨

美食就如人生，人生百味。

纵横一生，只有尝遍所有的酸、甜、苦、辣才能得到生命的真谛。

真正的美食往往可遇不可求，你要想遇到，就要大胆的用心尝试。

其实，做菜何尝不是一门艺术呢？

要做出一道亮丽的作品，需要你对它有深刻的感性理解，需要你对它有独特审美眼光

更需要你有一份热爱生活的心态去制作。

懂得融汇变通，容得下争议，有胆识，有魄力就能在这条路上越走越远。

厨房的神奇之处是做菜的人倾注心血，吃菜的人感受心意，交织出不可磨灭的回忆。电视机前的你是我们的爱，希望我们的节目是你的菜。

第一季

第二季

第三季

作为成为近一个世纪的高端厨具品牌，在全世界各地大大小小的厨房里，Le Creuset（酷彩）不仅是高级烹饪厨具的代名词，也是庆祝美味杰作和口福之乐的意义。每一件珐琅铸铁锅都在其位于法国北部的小镇 FRESNOY-LE-GRAND 由当地工匠精雕细琢，每一件铸铁产品采用独立砂模，独一无二的手工艺品。

第一季

美味催泪弹

冰箱主人：许榕真、许承先

许榕真，她是深入人心的可爱"娇娇"，也是《锦绣未央》中温婉贤淑但又不失俏皮的太子妃。这位典型的上海嗲女人，首次登陆《疯狂的冰箱》，娇滴滴的她又会有怎样的人生经历呢？

结婚以来，许榕真与丈夫聚少离多，常常分居两地，这对于一个女人来说很是煎熬，坚强的她在家中独当一面，努力撑起一整个家。在家人眼里，她是一个孝顺的女儿，一个合格的妻子，更是一个好妈妈。

TIPS

1、冰箱不宜塞得太满，塞得太慢会导致冰箱能耗增加，减少冰箱寿命，新鲜土豆不适宜放在冰箱中储存，容易发芽产生毒素。

2、五谷杂粮不能直接放入冰箱，需要放入密封的罐子或盒子，这样才不易发霉变质。

特别推荐

无糖的回忆

食材：蹄膀

配料：石榴

　　　西兰花

　　　小番茄

制作步骤：

1. 蹄膀入锅中余水

2. 石榴打汁

3. 高压锅放入蹄膀、酱油和八角煮熟

4. 使用蹄膀卤汁加石榴汁做成酱汁勾芡

5. 蹄膀出锅摆盘淋上酱汁

TIPS

剥石榴小技巧：切掉石榴头，用刀在石榴上划 4 刀，再去掉石榴芯。用大勺或其它工具拍打即可。

1

2

3

4

5

6

7

8

食材：鳕鱼

配菜：卷心菜
　　　金针菇
　　　黑木耳
　　　番茄
　　　蘑菇
　　　油面筋
　　　葱
　　　姜

制作步骤：

1. 鳕鱼撒盐腌制
2. 卷心菜切配余水
3. 番茄、木耳、姜、葱、金针菇切配
4. 油面筋放入烤箱烤脆
5. 生姜榨汁后加热
6. 鳕鱼煎熟
7. 食材入锅翻炒
8. 卷心菜加入黄芥茉打泥
9. 摆盘

Jacqueline
鱼游八鲜

食材：饺子

配料：蟹腿
　　　干贝
　　　虾仁
　　　柠檬
　　　小番茄

Brian
我要包包

制作步骤：

1. 水饺入锅中煮熟
2. 蟹腿、带子、虾仁、葱、姜、
　　番茄切配
3. 柠檬榨汁
4. 食材入锅翻炒
5. 煮熟后水饺与食材一起翻炒

料理中妈妈的味道让父女俩泪洒现场，其实幸福很简单，只要我们用心去爱，幸福离我们就不会很遥远。

美味婚姻料理

冰箱主人：佟晨洁、佟晨洁妈妈

这对走在时尚前端的母女俩，一个是身材高挑的超模，一个是直接抢占女儿主角光环的犀利妈妈。

佟晨洁，向来是个敢爱的女子，面对过往失意的感情经历，她早已释然。现在的她无疑已被幸福满满包围，三句不离老公 KK，冰箱中也塞满了老公爱吃的东西。从不会做菜的她更是为了老公撩袖下厨，这让妈妈醋意大发。佟晨洁坦言，一个小宝贝的到来，是夫妻二人如今最大的期盼。

每一份食物，每一个故事，似乎都是甜甜的，一种叫幸福的味道。

Brian
米饭布丁

食材：米饭

配料：牛奶
　　　桂花糖
　　　糖
　　　鸡蛋

操作步骤：

1. 锅中加入白砂糖，中火炒成焦糖

2. 锅中加入牛奶、米饭，加热搅匀后，放置冷却

3. 将两个鸡蛋打散，慢慢与米饭进行混合

4. 在布丁碗中涂上牛油，倒入拌好的米饭蛋液，放入微波炉中高火加热 4 分钟

5. 冷热食用均可

Holly
米香鸡蛋卷

食材：米饭

配料：小番茄
　　　芝士
　　　色拉酱
　　　鸡蛋

操作步骤：

1. 剩饭快速油炸，备用

2. 三个鸡蛋打散，混入干芹叶，在平底锅内制作成一张薄薄的蛋饼

3. 芝士、小番茄切丁，与油炸米饭一同包入蛋饼中

4. 色拉酱作为蘸酱，与鸡蛋卷共同食用

馄蛋鱼

食材：鲳鱼

配料：鸡蛋
　　　馄饨
　　　辣椒
　　　洋葱
　　　辣椒酱

制作步骤：

1. 辣椒酱煸炒出香味
2. 放入改刀后的鲳鱼，加酱油、醋、白酒，小火干烧煮到收汁
3. 沸水中加入鸡蛋，煮 3 分钟取出
4. 将煮好的馄饨底部煎至金黄香脆
5. 淋上酱汁即可

小熊
散养走地鸡

食材：鸡胸肉

设备：低温料理机

配料：洋葱

　　　黄瓜

　　　京葱

　　　辣椒

　　　花椒

　　　辣椒酱

操作步骤：

1. 将鸡胸肉真空包装好，放入低温料理机中 60 摄氏度低温煮熟备用

2. 将辣椒酱、洋葱、京葱倒入油锅中煸炒

3. 洋葱炒至金黄色后，取部分的热油与花生酱进行调和，加入黑醋

4. 用黄油煎制已煮熟的鸡肉，取黑胡椒盐进行调味

5. 用黄瓜片包住切好的鸡肉，用竹签串在一起，淋上酱汁即可

1

2

3

4

5

TIPS

低温料理属于分子料理的一种。低温慢煮能最大限度发挥食材的优点与营养，就像鸡肉在 62 摄氏度时，蛋白质的成分保留最多，而高温加热就改变了这种状态。

食材：鲜带子

配料：韭菜

　　　水笋烧肉

　　　鸡蛋

　　　银耳

　　　红萝卜

制作步骤：

1. 韭菜、水笋切碎，混入蛋液
2. 将泡发好的银耳氽水备用
3. 将混合的蛋液以及银耳一起入锅翻炒，加酒和盐进行调味
4. 带子用盐和黑胡椒腌制 5 分钟，再煎
5. 摆盘即可

Jacqueline
早生贵子

单身汪的爱心料理

冰箱主人：臧熹、刘砚

人高马大的新闻主播臧熹和他的专业损友刘砚现场互相爆料，看似沉着冷静的他，实际却是一个实打实的二货青年，自黑无底线。单身许久，他坦诚自曝女友标准：坦率、开朗，竟然还要略带一点小十三。

满满一冰箱的鸡蛋，震惊全场，臧熹的生命里，没有鸡蛋怎么行！？荧幕前严肃的新闻主播，跨下神坛，秒变逗比煮夫，这是赤裸裸的荧幕招亲呀！

Holly
爱的水波蛋

食材：鸡蛋
配料：花卷
　　　老卤
　　　红烧肉
　　　芦笋
　　　蒜头

◆　制作步骤：

1. 花卷用模具切成圆片后，抹上黄油放入烤箱，烤制 5 分钟

2. 小火将水烧至半开（锅底冒小泡泡），用勺子在水中单方向搅动造成漩涡，将鸡蛋放入漩涡中，慢煮 3 分钟

3. 将红烧肉的卤汁与肉分离，卤汁中加入黄油和花生酱，加热融合

4. 红烧肉切碎，和水波蛋一同放在烤好的花卷上，淋上酱汁

5. 芦笋切段，与蒜蓉一同爆炒即可

TIPS

水波蛋的秘密

◎鸡蛋先敲到碗里而不是直接打进锅里，这样能更好的控制鸡蛋入锅后形状的完整

◎水用小火烧至底部有小泡即可，不要煮沸，沸腾的水会把蛋白冲散

◎最完美的煮蛋时间是 3 分钟，这时煮出来的蛋，蛋白滑嫩，蛋黄还是流动的

◎若要吃到半生半熟的水波蛋，则煮蛋时间要控制在 4 分半

食材：鸡蛋
　　　咸鸭蛋
　　　葱油

翻滚吧！单身汉

制作步骤：

1. 取 4~6 个鸡蛋黄和咸鸭蛋黄，放入锅中翻炒，炒成蛋黄碎

2. 将多个白煮蛋剥壳对半切开，将蛋白蛋黄分离

3. 在白煮蛋的蛋黄中加入葱油碾碎成糊，并进行调味

4. 将蛋黄糊放入裱花袋中，裱于白煮蛋的蛋白上

5. 撒上炒好的蛋黄碎，即可

TIPS

鸡蛋营养价值虽高，但不宜过量食用，以免造成胆固醇摄入过多。正常人每天建议食用鸡蛋不超过 2 个，有慢性疾病或消化不良的人群更应适当摄入。

Jacqueline
猪蹄踩到咸鸭蛋

特别
推荐

食材：茴香菜

配料：红烧猪蹄
　　　鸡蛋
　　　咸鸭蛋

制作步骤：

1. 红烧猪蹄改刀放入锅中煎

2. 咸蛋黄切碎混入蛋液中，再将茴香菜切碎焯水，一并混合搅匀

3. 将混合蛋液入锅翻炒，适当调味

4. 将柚子酱油、黑醋及适量黄油混合打泡，成为酱汁

5. 将酱汁淋于猪蹄煎蛋上，即可

TIPS

　　茴香菜功营养价值很高，它富含胡萝卜素、钙、铁。茴香菜具有香苷和黄酮甙组成的独特香味，配合肉食和多油的食物，十分爽口。

1

2

3

家庭料理大挑战

冰箱主人：余娅、余娅女儿

　　长年在外拍戏而无法经常陪伴女儿的余娅，曾因女儿的叛逆，几天几夜无法入眠。而如今女儿大展厨艺，有条不紊，用自己的手艺为妈妈做了一份香喷喷的海鲜芝士焗饭，用食物来表达她对妈妈的爱，直戳余娅泪点。虽然平时有许多争吵，女儿也已长大，不管时间过去多久，这一瞬间将被永远铭记。

Jacqueline
尝"肠"鲜

食材：腊鸡腿
　　　腊肠

配料：白木耳
　　　生菜
　　　色拉酱
　　　黑巧克力
　　　香辣蟹酱

制作步骤：

1. 培根切丁大火煸炒

2. 腊肠、腊鸡腿焯水后切配

3. 白木耳去蒂焯水，加入橄榄菜
   和罗勒叶搅拌

4. 香辣蟹调料和黑巧克力一起融
   化做酱汁

5. 腊肠、腊鸡腿加入色拉酱搅拌，
   撒上培根肉

小熊
你有故事吗？
拿我的菜换

食材：腊肠
配料：蘑菇
　　　卷心菜
　　　火腿
　　　培根
　　　意大利黑醋

制作步骤：

1. 腊肠切末加入百里香和罗勒叶一
   同煸炒

2. 卷心菜切丝

3. 蘑菇用黄油煎至金黄，加入黑醋

4. 苹果磨成泥状和切片

5. 卷心菜铺底，依次放入蘑菇、腊肠、
   苹果泥以及生火腿

特别推荐

杨文
"面"向大海

食材：意大利面
配料：小番茄
　　　虾仁
　　　鳕鱼
　　　干白葡萄酒
　　　意大利芹
　　　柠檬

制作步骤：

1. 切好的小番茄，放入橄榄油中煸炒
2. 番茄中挤入半个柠檬的汁水，加水焖煮酱汁
3. 酱汁用盐和黑胡椒调味
4. 再放入切丁的鳕鱼、虾仁，加入白葡萄酒，一同焖煮
5. 将煮熟的意大利面放入酱汁中，再加入意大利芹，大火收汁
6. 装盘即可

TIPS

意大利面怎么煮？

　　下面的水量一定要多。烧开后煮面前先放一撮盐，和一勺橄榄油，再把面成放射状投入锅中。一般细的意大利面要煮8到10分钟，没经验的话就挑出一根用嘴巴尝试，直到吃到的口感是无硬心但是有弹性的，马上关火捞出。

1　　　　　2　　　　　3

4

5

6

7

妻管严的甜蜜婚姻

冰箱主人：潘前卫、钱懿

最扣门、最怕老婆、最专一的棉毛裤,这些似乎都是潘前卫当仁不让的标签。不过经过这次冰箱大搜查之后,标签又添新名词,潘前卫可是个绝对的番茄控以及奶茶控。

用潘前卫自己的话来说,他对奶茶毫无抵抗力,一天要喝五杯奶茶垫肚子,为了奶茶这事儿他可是写了N封戒奶茶保证书,真是一个不折不扣的没有奶茶会死星人。

说到番茄控,冰箱里不仅各种体量的大小番茄,番茄酱也是一瓶接着一瓶,就连潘前卫他宝贝女儿的小名,也叫"小番茄"。爱番茄爱到如此地步,真是给你跪了。为了他的这两点爱好,大厨们可是动足了脑筋。

杨文
家庭自制番茄酱

食材：番茄
　　　小番茄
　　　白洋葱
　　　蒜
　　　百里香

◆ 制作步骤：

1. 将白洋葱切丁放入油锅内中小火煸炒，炒至酥烂透明
2. 将大小番茄剁碎，倒入洋葱中
3. 另起油锅，将大蒜、百里香放入油锅中起香，制成香料油
4. 将香料油倒入番茄中小火慢炖45分钟
◆ 5. 加入盐黑胡椒调味即可

食材：速溶奶茶粉
　　　马斯卡邦奶酪
　　　淡奶油
　　　蓝莓

制作步骤：

1. 将速溶奶茶粉开水泡开制成奶茶

2. 奶茶中加入马斯卡邦奶酪，搅拌调匀成糊状

3. 淡奶油打发后，与奶茶糊混合

4. 撒上巧克力粉，放上蓝莓即可

Brian
自制奶茶慕斯

1 2
3 4

TIPS

　　马斯卡邦奶酪是提拉米苏灵魂所在，其软硬程度介于鲜奶油与乳酪之间，带有轻微的甜味及浓郁的口感。空口吃也很赞哦！

杨文
黯然销魂饭

特别
推荐

食材：大米

配料：鸡蛋
　　　腊肠
　　　鹅肝
　　　菠菜
　　　香葱
　　　鳕鱼

制作步骤：

1. 大米提前需浸泡 45 分钟后加水、油放入
　 锅中焖

2. 鸡蛋放入保温杯加入开水焖 5 分钟

3. 鹅肝加入盐、黑胡椒放入锅中煎至金黄

4. 焖好的米饭上加入鹅肝、腊肠、煮熟的
　 青菜淋上酱油放入温泉蛋

精致女人的优质生活

冰箱主人：张颖、陈帆

闺蜜陈帆爆猛料，张颖首次谈及恋爱经历，女神也曾疯狂过。老公当年为张颖拍过许许多多美美的照片，以此俘掳了她的芳心。可这段恋情当时并未获得家人的支持，张颖居然大胆选择"私奔"。不过，时过境迁，如今从她细心定制的家人菜谱中，从她为老公儿子订购的食材中不难看出，现在的她是幸福的妻子，骄傲的妈妈。

为了爱情，她疯狂过，为了家庭，她付出过，没有后悔过的人生，不正是一个完美人生吗？

小熊
阿宝爱汉堡

食材：馒头　　配料：腌黄瓜
　　　　猪肉糜　　　　辣椒酱
　　　　牛肉糜　　　　腐乳
　　　　　　　　　　　芝士
　　　　　　　　　　　洋葱

制作步骤：

1. 馒头切片涂上黄油炙烤
2. 洋葱切粒，炒软
3. 猪肉糜／牛肉糜以 4 ∶ 6 的比例混合，加入炒好的洋葱拌均匀
4. 用手将肉糜扔成肉饼，放入锅中煎熟
5. 腌黄瓜切末，加入辣椒酱、腐乳搅拌好，涂抹在馒头片上
6. 将肉饼放在馒头片上，撒上芝士碎，入烤箱烘烤
7. 加入迷迭香摆盘

Susan
Blue Cheese 的逆袭

食材：猪肉糜
　　　Blue Cheese

配料：鸡蛋
　　　豆瓣酱
　　　香肠
　　　葱

制作步骤：

1. 将 1 个鸡蛋打入猪肉糜中，并加入 Blue Cheese，豆瓣酱搅拌均匀
2. 香肠切片放在肉糜上，放进蒸锅，大火蒸 15 分钟
3. 小葱切末，撒上即可

TIPS

Blue Cheese 也叫蓝纹奶酪，它的味道比起白霉奶酪来显得辛香浓烈，十分刺激。由于蓝纹奶酪本身带有咸味，所以在烹饪时更要适当使用食盐。

新麻婆蝴蝶梦

食材：豆腐
　　　手抓饼
　　　大虾

配料：娃娃菜
　　　xo 酱
　　　豆瓣酱

制作步骤：

1. 面粉和油，做成油酥

2. 手抓饼上涂一层油酥，两头卷边，切段，压扁，呈蝴蝶状后，放入烤箱烘烤 10 分钟

3. xo 酱、豆瓣酱煸香，豆腐切块汆水后倒入酱中一起煮

4. 去虾壳，虾头中的虾脑挤入豆腐中提鲜

5. 虾肉无油炙烤成金黄色，放入豆腐中焖煮入味

6. 娃娃菜切丝加盐煸炒，作为配菜

7. 装盘即可

极致奢华的料理

冰箱主人：诸韵颖、马蕴雯

《疯狂的冰箱》迎来了两位长腿美女的光临！不过美女们的食量，真的是十分十分十分的惊人，一顿就是路易一天的量！一口气五块炸猪排，毛毛雨呢！问题的关键是，排球名将诸韵颖冰箱里的货色，眼扫预估就至少价值6位数！！世界顶级食材，私家秘制小食，应有尽有，顶级大厨乐不可支！！

世界冠军诸韵颖原来天生就是个万人迷，厚颜自曝追求者大排长龙。纯真年代的表白信，酸酸甜甜的恋爱初体验，是心中永远抹不去的回忆。主持人路易更是被高妹马蕴雯当场表白"身高是浮云，爱的就是你的才华和灵魂，快来追我吧！"路易的真命天女出现了吗？

TIPS

"黑色黄金"鱼子酱的秘密

　　一般鱼子酱在摄氏零下 2 ~ 4 度的温度下可以保存 18 个月，在冰箱中冷藏就只能保存 6 ~ 8 周。越是高级的鱼子酱，颗粒越是圆润饱满，色泽清亮透明，汁液黑中略带灰色或褐色，吃到嘴里有点淡淡的海洋气息，回味却香醇甘美。

　　品质最好的鱼卵，用的盐要最少，不超过鱼卵分量的 5%，这种鱼子酱叫作"马洛索"（低盐）鱼子酱。

　　鱼子酱切忌与气味浓重的辅料搭配食用，洋葱或者柠檬都是禁止的。

TIPS

伊比利亚火腿

　　伊比利亚火腿，这种西班牙最流行也最昂贵的食物，其馨香扑鼻、鲜甜醇厚，火腿的质感和带着浓郁橡木果味道，堪称世界生火腿之王。

　　切薄片生食，是善待上等伊比利亚火腿最好的方式。薄片口含 5 秒，感受它在舌尖上慢慢融化，如同一个饱满的亲吻，浓烈绵滑，美不胜收。

杨文
海陆探戈

食材：伊比利亚火腿
　　　海虾
　　　鲜带子
　　　米饭

配料：咸肉火腿
　　　冬笋
　　　洋葱
　　　冰酒
　　　黄油
　　　腐乳

制作步骤：

1. 将切配好的洋葱，鲜肉火腿，冬笋一起煸炒

2. 加入用水泡好的米饭，倒入冰酒一起烹煮

3. 伊比利亚火腿包裹住鲜带子，两面煎至出油后，再放入大虾一起煎

4. 将煎煮至八分熟的带子和大虾捞出，锅内多余的汤汁倒入米饭中

5. 米饭煮熟之后，加入黄油和腐乳，用平底锅的余温不停翻炒收汁

6. 米饭配合火腿海鲜，即可

1

2

3

4

Daniela
粉红色的回忆

主料：意大利面
　　　三文鱼

配料：小番茄
　　　黄油
　　　牛奶
　　　柠檬
　　　鱼子酱

制作步骤：

1. 用黄油煸炒三文鱼，加入切好的小番茄和牛奶一起烹煮

2. 沸水中加盐，放入意大利面

3. 将煮熟的意大利面放入三文鱼酱汁的锅中继续烹饪，加入研磨柠檬皮

4. 用柠檬和鱼子酱摆盘

Jacqueline
新不了情

食材：鹅肝

配料：芦笋

　　　百合

　　　水芹

　　　辣腐乳

　　　豆瓣酱

　　　蜂蜜

　　　辣椒酱

制作步骤：

1. 用盐和黑胡椒腌制鹅肝 5 分钟，再用黄油煎到两面金黄

2. 将煎好的鹅肝放入烤箱烘烤 3 分钟

3. 芦笋刨皮切丁，与水芹、百合分别焯水备用

4. 用蜂蜜、辣腐乳、豆瓣酱调匀成酱汁

5. 烤好的鹅肝裹上酱汁即可

单身男女的日常

冰箱主人：朴宰用、孙哈娜

　　两位五行缺爱的韩国人做客《疯狂的冰箱》，空空如也的冰箱，挑战大厨底线。带来史上首批"生化武器"震惊四座！欢笑逗逼的形象背后，藏着你意想不到的成长经历。人生百味，你的人生又是何种味道？

　　出生在美国的朴宰用，儿时父母就离异了，4岁才回到韩国跟随奶奶一起生活。如今在上海打拼的宰用，忆起儿时的光阴，除了有对父爱母爱的渴望之外，更多的是感谢这段时光带给自己的坚强与独立。

　　不愧是餐厅老板的冰箱，虽为资深单身汪，不过这冰箱里的货色却是十分充足，还很韩国。五花八门的泡菜大酱，韩国热门减肥药，一个都不落。还找到了韩国人生活中必不可少的烧酒，欧巴！一起来一杯吧！

Brian
漂浮岛

特别推荐

如果用一种食材、一道菜或一种味道来表达自己的人生，那会是什么？下雨天的鱼饼、芝麻菜的苦、漂流的孤独、亦或是一碗热汤的小确幸……

主料：鸡蛋
　　　牛奶

辅料：椰子
　　　芒果
　　　榴莲
　　　蓝莓
　　　草莓

制作步骤：

1. 在温牛奶中加糖溶解，溶解后放置冷却
2. 分离蛋黄和蛋清，将甜牛奶与打散的蛋黄液进行混合，制成蛋黄酱
3. 打发蛋清，打发中不停拌入白糖
4. 将打发好的蛋白霜装入椰子壳中，放入微波炉加热，大幅膨胀即可
5. 蛋黄酱中加入榴莲果肉，拌匀
6. 芒果切丁，与蓝莓草莓等水果摆盘装饰

1

2

3

4

5

6

7

孙哈娜
韩式醒酒汤

主料：老豆腐
　　　绿豆芽

辅料：明太鱼干
　　　大蒜
　　　大葱
　　　鸡蛋

制作步骤：

1. 明太鱼干切碎放入煮开的水里
2. 老豆腐切成块，大蒜切碎，放入汤中
3. 加入黄豆芽，再加入大葱，撒上黑胡椒
4. 汤煮开后，出锅前，淋上蛋花即可

不愧是拥有 22 家饭店、韩料超级连锁品牌的大大大老板！孙哈娜，居然把大厨们的活都抢了。地道的韩式醒酒汤，制作秘籍赶紧 get 到手，以后遇到心爱的欧巴，就可以说一句"我给你做醒酒汤吧"。

主料：农心拉面面饼
　　　五花肉
　　　章鱼

辅料：矿泉水
　　　烧酒
　　　糖稀
　　　芝士片
　　　大蒜
　　　辣椒酱
　　　包饭酱
　　　烤肉酱
　　　大酱

制作步骤：

1. 辣椒酱、烤肉酱、拉面调料包、大蒜末、酱油、糖稀混合制作成酱

2. 锅中加入矿泉水，水开前加入拉面，水沸后加入蔬菜包

3. 五花肉、章鱼洗净切段，加入盐等调味料腌制

4. 拉面煮开后，加入调好的酱一起焖煮收汁

5. 拉面出锅后覆盖一片芝士，撒上芝麻

6. 吃前利用拉面的温度充分融化芝士，拌匀，配合烤肉烤章鱼一同食用

河成勋
家常便饭

老上海的宝库

冰箱主人：毛猛达夫妇

同行是冤家，不过这同行夫妻么，却是"只羡鸳鸯不羡仙"。

　　滑稽届的"美女与野兽"，毛猛达张小玲夫妇开启他们家的冰箱模式。宁波三臭，鸡汁豆干，虾子酱……老上海的味道都在这个冰箱里寄存，而每一样都是毛老师的挚爱，也是小玲姐的噩梦。对于老婆无限度的包容和忍让，毛老师除了赞美还是赞美。这对恩爱夫妻的相处哲学就是：一切以老婆的意志为准，对于老婆的暴力行为，必须含笑承受。节目现场，20年不进厨房的小玲姐，居然以一道香椿炒蛋，让老公赞不绝口。

小黄鱼爱上豆腐

特别推荐

主料：豆腐
　　　黄鱼

辅料：豆瓣酱
　　　六月鲜
　　　葱油

这道地地道道老上海的宵夜料理，承载着毛猛达的青春记忆。鱼肉蛋白和豆腐蛋白的完美融合，就一个字，嫩！

制作步骤：

1. 炒豆瓣酱，加水、六月鲜熬酱汁

2. 小黄鱼入高温油锅炸至金黄放入酱汁中煮

3. 将豆腐切块放入酱汁中煮

4. 用勺子将酱汁淋在鱼和豆腐上辅助收汁

5. 淋上葱油，摆盘

Jacqueline
嫩牛吃嫩草

主料：抹茶粉　辅料：淡奶油
　　　牛排　　　　　伏特加
　　　米　　　　　　芥末酱
　　　　　　　　　墨西哥辣酱
　　　　　　　　　鹌鹑蛋
　　　　　　　　　海苔
　　　　　　　　　芝麻

制作步骤：

1. 抹茶加水，加淡奶油倒入生米中一起炖煮
2. 牛排切末放入芥末酱、伏特加、辣酱、生鹌鹑蛋搅拌
3. 牛肉末敲上一个生蛋黄
4. 海苔、芝麻、牛肉末、米饭分别摆盘

Susan
万绿丛中一点红

主料：玄米茶　　辅料：淡奶油
　　　咸蟹　　　　　　虾油小黄瓜
　　　米饭　　　　　　昆布
　　　　　　　　　　　海苔
　　　　　　　　　　　虾米
　　　　　　　　　　　芝麻
　　　　　　　　　　　酱油
　　　　　　　　　　　芥末
　　　　　　　　　　　柠檬

制作步骤：

1. 玄米茶加昆布加虾米少许盐煮汤，过滤出来
2. 冷饭拌入海苔芝麻
3. 将咸蟹肉放在饭上，虾油小黄瓜切粒放在咸蟹上
4. 酱油加芥末拌匀
5. 将汤倒入饭中，挤点柠檬汁，摆盘

强迫症患者的福音

冰箱主人：百克力 张杨果而

　　帅哥靓女颜值爆表，新晋爸妈生活大变样。为了照顾新出生的宝宝，张杨果而的妈妈特地从重庆来到了上海，对于丈母娘的到来，百克力是鞍前马后，可是没想到，由于百克力的疏忽导致丈母娘特地从重庆带来的一坛泡菜变了质，而差点被丈母娘"拉黑"。

　　有一个收纳控的丈母娘，冰箱堪比展览柜，各种各样的五谷杂粮，都用喝完的矿泉水瓶盛放，废物利用，经济又实用。号称重庆人中的异类，不太能吃辣的张杨果而，最爱的就是重庆小面，一碗看似简单的小面，其中对调料的把握最考验大厨的功力。

　　在宝宝面前秀恩爱，是百克力和果而的默契，一回到家就给对方一个拥抱，经常在宝宝面前亲吻，让宝宝从小生活在充满爱的家庭氛围中，这比单纯的溺爱宝宝更重要。

杨文
黑色幽默

主料：意大利米
　　　墨鱼汁

辅料：椰子
　　　海蟹
　　　芹菜
　　　柠檬
　　　洋葱
　　　白葡萄酒
　　　橄榄油

制作步骤：

1. 花蟹放入水中汆水，加入柠檬、芹菜、洋葱去腥，花蟹煮熟后捞出取出蟹肉备用

2. 花蛤汆水后入锅，带入干白葡萄酒

3. 橄榄油预热，加入洋葱丁、大蒜翻炒，倒入意大利米，加适量的水和干白翻炒，倒入适量花蛤汤提鲜，加入墨鱼汁

4. 花蟹壳表面刷一层橄榄油，入烤箱烘烤

5. 墨鱼饭收汁，加入芝士，入烤箱烘烤，摆盘

1　2　3　4　5　6　7　8

魏浩康
草原上会跳舞的银鳕鱼

主料：鳕鱼
　　　豆腐

辅料：淡奶油
　　　牛肉馅
　　　目鱼花
　　　蔬菜

制作步骤：

1. 鳕鱼用酱油腌制，入锅煎熟

2. 锅中加入蒜末、牛肉馅、蚝油、辣椒粉煸炒，加水调成酱汁

3. 豆腐入锅煎熟

4. 底层豆腐淋上酱汁，加入新鲜豆苗菜、木鱼花，放上鳕鱼摆盘

1

2

3

4

主料：羊肉
　　　土豆

辅料：孜然粉
　　　尖椒
　　　芝麻
　　　花椒
　　　生粉

制作步骤：

1. 羊肉切块，加盐生粉腌制

2. 土豆切丝，加入辣椒粉、生粉、盐搅拌
   均匀，入油锅煎，再加入孜然粉和黄油，
   做成土豆饼

3. 羊肉入油至半熟捞出，第二遍入锅油炸
   至全熟后捞出沥油，加入辣椒粉、花椒粉、
   花椒、尖椒拌匀

4. 摆盘

双城之恋

冰箱踢馆战

冰箱主人：高蓓蓓

这期的冰箱主人正是《大好时光》《北京夏天》等热门剧的颜值与演技担当高蓓蓓。经常饰演成熟干练的都市女性的高蓓蓓，内心却住着一颗长不大的少女心，hello kitty 是她的心头最爱，就连她们家的锅子也是她从日本沉甸甸的背回来的。今天高蓓蓓不只带了冰箱，还把自家私房菜馆的大厨 Junior 一起带到现场踢馆来了！！而这位踢馆大厨的真正职业还不是厨师，而是一位瑜伽教练。

由于高蓓蓓的姐姐常年生活在四川，于是原本就喜欢重口味的高蓓蓓就有了口福，每年姐姐都会特地为她空运各种不同的自制辣椒，这也练就了高蓓蓓一身吃辣绝技，现场吃辣椒比赛，高蓓蓓秒杀一干大厨。对于一个出道多年的老演员，在拍戏之余高蓓蓓更喜欢在家享受美食，除了红红火火的川菜，偶尔小资一下，一杯红酒，搭配乌鱼子，别有一番情调

TIPS

乌鱼子！高粱酒浸之，火枪烘烤，咸，酥，嚼之颗颗鱼卵富有弹性,弹脆甘香！绝对是夜宵配酒的不二佳品。

热辣 A4 腰

主料：腰花
　　　空心菜
　　　肉汤圆
　　　猪肝

配料：自制辣酱
　　　火锅辣酱
　　　香辣酱

◆ 制作步骤：

1. 腰花、猪肝改刀后切片过油
2. 汤圆煮熟拍粉后放入油锅油炸
3. 放入各式辣椒熬煮酱汁
4. 将切配好的空心菜和腰花一起热炒
5. 将猪肝放入酱料中爆炒
6. 装盘撒上热油完成

6

主料：鸡腿肉

配料：大葱

　　　黄飞鸿香辣酥

　　　红辣椒

　　　豆苗

◆ 制作步骤：

1. 鸡肉切配加入香辣酥腌制

2. 鸡肉入热油炸熟

3. 切配好的大葱，加辣椒炒制香料

4. 鸡肉加入香料中炒香

◆ 5. 摆盘

杨澂

咏春鸡

Jacqueline
鲜鲍回锅

特别推荐

主料：鲍鱼
　　　卷心菜
辅料：洋葱
　　　大蒜头
　　　青蒜
　　　豆瓣酱

制作步骤：

1. 食材全部切配
2. 先放入洋葱大蒜豆瓣酱炒香
3. 加入卷心菜和鲍鱼翻炒
4. 加入调味料调味
5. 摆盘完成

公主病女主播的育儿日常

冰箱主人：司雯嘉

在家里地位崇高如女王的司雯嘉，自从女儿出生以后，就从女王的宝座一落千丈，心有不甘的她，在家经常会吃女儿的醋，因此开始到处"黑"自己女儿，宣扬女儿不如自己漂亮，对于她的自恋病，现场她的闺蜜和主持人都予以了毫不留情的打击。

天生丽质的司雯嘉，怀孕七八个月时也完全看不出身材走形，为了显摆自己的好身材，在家待产时，还约了闺蜜贝贝出门聚会，没想到，却被贝贝反设计，拉去做了带班主持。司雯嘉最爱的零食是冰淇淋，就在自己怀孕快要进产房的时候，她也要誓死把家里剩下的半桶冰淇淋吃完。

杨文
年年有鱼

主料：年糕
　　　米粉
配料：鳕鱼
　　　韭黄

制作步骤：

1. 腌制鳕鱼，切块裹上生粉放入锅中煎煮取出备用
2. 用水煮米粉和年糕
3. 煎完鳕鱼的油中，放入 xo 酱，加入煮好的米粉和年糕一起翻炒
4. 放入鳕鱼和切好的韭黄翻炒
5. 摆盘

小熊
喜欢你就多吃点

主料：薯片　　　配料：牛奶
　　　雪糕　　　　　　柠檬
　　　巧克力棒　　　　蓝莓
　　　　　　　　　　　巴旦木鱼

制作步骤：

1. 牛奶加入柠檬汁煮成乳清奶酪
2. 把切好的蓝莓、巴旦木以及冷却的奶酪与雪糕混合
3. 百奇棒裹上巧克力和薯片一起摆盘

特别推荐

Brian
冰雪咸蛋超人

食材：鸡蛋
　　　咸蛋黄
　　　巴旦木

配料：牛奶
　　　奶油
　　　巧克力
　　　焦糖
　　　草莓

制作步骤：

1. 往料理搅拌机里依次加入牛奶、奶油、鸡蛋黄、咸蛋黄、巧克力豆
2. 炒制焦糖、巴旦木，用液氮冷却后切成小碎块
3. 在料理机中倒入液氮，使冰淇淋冷却凝固
4. 冰淇淋凝固后取出，加入巴旦木和焦糖

1

2

海派留学生的料理情缘

—— 冰箱主人：野营 ——

作为第一季《疯狂的冰箱》收官之作，节目请到了海派留学生野营野老师。在荧幕前一直表现得嘻嘻哈哈的野营其实内心隐藏着一段不为人知的留学辛酸史。留学生的日子是艰苦的，不仅要学习还要打工，野营曾不分昼夜的送报纸，在餐厅做服务员赚取学费。

独自一人在日本留学的他深切的体会到了什么是每逢佳节倍思亲，连想吃妈妈烧的红烧肉都是件非常困难的事情，最后只能看看照片来缓解对家人的思念。

Jacqueline
龙游天下

食材：大龙虾

辅料：椰子
　　　鸡蛋
　　　梅酒
　　　味增酱
　　　莴笋
　　　青豆
　　　橄榄油

制作步骤：

1. 半成熟的鸡蛋与米霖酱汁一起搅拌
2. 大龙虾煮熟拆肉淋上柠檬汁、柠檬皮碎、盐搅拌
3. 将青豆炒熟备用，莴笋加入香松、胡椒粉拌匀炒熟
4. 将大龙虾淋上酱汁摆盘

Holly
夏日东洋之恋

食材：虾

配料：紫甘蓝
　　　芒果
　　　黄瓜
　　　胡萝卜
　　　速食咖喱

制作步骤：

1. 将蔬菜切成丝放入水，糖和白醋调成的糖醋水中做成泡菜
2. 椰奶中放入速食咖喱熬熟
3. 将芒果和咖喱酱搅拌匀
4. 将虾撒上蒜粉和盐穿成窜放入烤箱中烤熟
5. 摆盘

1　2　3　4

5

日落西山红霞飞

食材：小龙虾
　　　乌冬面

配料：腐乳
　　　白兰地
　　　椰奶

制作步骤：

1. 小龙虾放入锅中喷上白兰地焖热

2. 锅中放入调料加水做成汤汁

3. 将焖好的小龙虾沥干水分，放入汤汁中加入少许椰奶炖煮

4. 将乌冬面煮熟后煸炒放入盘中备用

5. 将收干汤汁的小龙虾倒在乌冬面上

第二季

养鸟成痴的超级奶爸

冰箱主人：龚仁龙

龚仁龙，可谓是个爱鸟成痴的人，不仅花十万块买一个鸟笼，就连冰箱里的名贵补品，也都是爱鸟的口粮。由此可见，在家里鸟的地位可是高高在上的啊。

不过在龚仁龙的心里，除了爱鸟以外，最能排得上号的，也就是他的宝贝女儿了。老来得女的龚仁龙对宝贝女儿非常疼爱，他会用自己独有的滑稽天分来哄女儿开心。他深知这个女儿真的来之不易，当初就因为年龄的关系，岳父并不看好他和老婆的结合，最后是他用真情打动了老婆，岳父岳母才慢慢接受了他的心意。

杨文
爸爸的早餐

食材：面包　　配料：蓝莓
　　　　酸奶　　　　　树莓
　　　　牛奶　　　　　车厘子
　　　　平菇　　　　　燕麦蜂蜜

制作步骤：

1. 将新鲜的平菇用橄榄油两面煎黄，加入适量盐调味

2. 将黄油涂抹在切片面包上，入烤箱烤制 3 分钟

3. 将蓝莓树莓混合酸奶、牛奶，一起粉碎，成为奶昔，撒上燕麦水果

4. 煎好的平菇荷包蛋夹在面包中间，去边，切成三明治

　　女儿是爸爸的贴心小棉袄，可对于杨文这个忙碌的爸爸而言，对女儿缺少的陪伴也许一直都是他心中的愧疚吧！这份营养早餐希望送给所有的宝贝们，吃到爸爸爱的味道！

1

2

3

4

食材：半熟大肠
　　　鸭舌

配料：莴笋
　　　黑啤

肠舌富

制作步骤：

1. 大肠过水加入黑啤和姜
2. 葱、姜、辣椒放入油锅中炒香加
   入大肠和鸭舌调味炖熟
3. 另起油锅放入切好的莴笋炒熟最
   底菜
4. 将炖好的大肠放在炒熟的莴笋上
   即可

食材：半熟大肠
　　　百叶包

配料：车厘子
　　　啤酒

Jacqueline
花花肠子

制作步骤：

1. 大肠洗净用啤酒和柠檬汁腌制
   一下
2. 百叶包取出中间馅料塞进腌好的
   大肠段中加入酱油淀粉用油炸
3. 车厘子去核放入黄油中炒香加水
   和芥末调味后打成酱汁
4. 将打好的汁和粉淋在大肠上即可

Brian
龙游天下

特别
推荐

食材：大虾
　　　蘑菇

辅料：椰子
　　　番茄酱
　　　香茅
　　　小番茄
　　　红葱头
　　　芒果
　　　橄榄油

制作步骤：

1. 红葱头、香茅、小番茄、蘑菇切片
2. 大虾放入锅煎熟取出
3. 将蘑菇、香茅、小辣椒、红葱头分别煸炒
4. 加入小番茄和番茄酱调味做成酱汁
5. 将酱汁淋在大虾上加入芒果即可

深井冰闺蜜背后的辛酸史

冰箱主人：杨吕、王冰皓

从小生活在云南农村的杨吕，独自来沪打拼，屡屡受挫。当一个人穷途末路、身无分文的时候，一个陌生人的关心，或是一份暖心暖意的美食，就会让你充满力量。同是来沪打拼的冰皓，放弃了家中为她安排好的一切，选择自己去闯。这个大大咧咧的女孩内心，其实也有过脆弱的一面。

这对荧幕好友、欢喜冤家，无论对方遇到什么困难，他们永远会第一时间出现在对方的面前。

TIPS

把梨泡在放了盐等佐料的水中，味进梨肉后取出来吃，这种梨称为泡梨，这也算是云南特产之一了。用来泡的梨多半小而涩，泡后不但全无涩味，还十分可口，又开胃润肺。

小熊
早安主人

食材：燕麦
　　　水果
　　　鸡蛋
　　　椰子水

辅料：酸奶
　　　番茄
　　　蘑菇
　　　薄荷

制作步骤：

1. 将奶油、蜂蜜和各式水果与提前煮好的燕麦搅拌在一起

2. 将椰子水与芒果、树莓、薄荷放入搅拌机打汁后装杯

3. 将鸡蛋打碎与煸炒好的番茄丁一同慢煎成鸡蛋卷

4. 将蘑菇用橄榄油煸炒后与鸡蛋卷一同摆盘

1　2　3

4

食材：面条
　　　鸡蛋
　　　金枪鱼罐头

辅料：番茄
　　　面粉
　　　麻油

制作步骤：

1. 面条煮熟备用
2. 金枪鱼罐头、蛋黄、香菜倒入面粉搅拌后团成丸子，下锅小火煎
3. 小番茄放入微波炉加热
4. 煮熟的挂面过凉水，之后加入白醋、麻油和酱油拌匀
5. 单面煎好荷包蛋后摆盘

Daniela
中西日出

食材：牛肝菌
　　　火腿
　　　泡梨
　　　蚂蚱

辅料：鸡蛋
　　　小番茄
　　　干辣椒

制作步骤：

1. 将牛肝菌、火腿切成条装，加入小番茄、豆苗翻炒
2. 将虫子、泡梨、煮熟的饭团一起摆盘
3. 从温泉蛋中滤出蛋黄摆盘

Brian
五彩缤纷

杨文
七彩云南

特别推荐

食材：羊肉
　　　牛肝菌
　　　乔丝
　　　洋芋片

辅料：普洱茶
　　　黄土豆
　　　干辣椒

制作步骤：

1. 用料酒、酱油等调料腌制羊肉
2. 将洋芋片、乔丝、土豆油炸后摆盘
3. 用油将大蒜、干辣椒熬香后与羊肉一起翻炒
4. 将泡开的普洱茶油炸后与羊肉牛肝菌
5. 摆盘

异国夫妻的麻辣秀

冰箱主人：倪迎春夫妻

Patrick希望
倪迎春不要那么作
希望可以改变自己的
经济状况。

TIPS

辨别橄榄油优劣的好方法，就是在红酒杯中倒入橄榄油，以手的温度配合摇晃酒杯，使得橄榄油的香气溢出。同时喝一小口橄榄油，若顺滑不苦，则是优质橄榄油。

这对被人人艳羡的跨国夫妻——倪迎春和Patrick，他们可是打打闹闹几十年呢！Patrick抱怨老婆是个典型上海作女人，强迫症，对自己极其抠门！而倪迎春似乎也是对老公浑身上下各种不满意！不过嘛，抱怨归抱怨，吐槽归吐槽，吵吵闹闹也是这对欢喜冤家的相处之道。而冰箱里满满的食物调料，则是这两人爱的见证。旅行美食，子女的最爱，老公的喜好，老婆爱吃的料理，都充满了整个冰箱！

特别推荐

Brian
夏日煎饼

主料：鸡蛋
　　　牛奶
　　　冰激凌
辅料：草莓
　　　酸奶
　　　蓝莓
　　　树莓

制作步骤：

1. 温热牛奶，并加入一块黄油熔化

2. 待牛奶冷却后，倒入蛋液中搅匀

3. 在混合液中加入少量面粉，调匀

4. 将面糊放入平底锅中摊成薄饼

5. 将白砂糖倒入热锅中，熔化成焦糖，并拉丝

6. 薄饼中加入冰激凌和水果粒，

7. 淋上草莓酸奶酱，放上糖丝球，即可装盘

4

6

5

7

8

9

10

11

12

清斐

洋泾浜肉卷

主料：鸡胸肉　　　◆　　制作步骤：
　　　白蘑菇
　　　墨西哥卷皮　　　1. 将鸡胸肉切成肉条

配料：彩椒　　　　　2. 番茄去皮切块，蘑菇、彩椒、洋葱切
　　　番茄　　　　　　　片，放入锅中热炒
　　　洋葱　　　　　　3. 在柚子酱油中加入半个柠檬汁及切
　　　柠檬　　　　　　　段的香菜，将鸡肉放入腌制8分钟
　　　香菜　　　　　　4. 将鸡肉与蔬菜一起翻炒，加入辣椒酱
　　　辣椒酱茄　　　◆　　5. 墨西哥卷皮在平底锅内两面烘烤
　　　　　　　　　　　　6. 鸡肉包入卷皮中，即可食用

1　　2　　3　　4

繁花绽放

LE CREUSET的厨房

让烹饪变得轻松有趣

★ 源于法国，品味甄选 ★

Brand Story

品牌故事

作为近一个多世纪的法国经典品牌，Le Creuset（酷彩）一直自豪于其时尚靓丽的外观与经典优雅的设计闻名于世。在全球各地，深受名流与明星的热捧，并享有"厨房中的LV"美誉，产品系列包括：珐琅铸铁锅、瓷器、不粘锅、珐琅钢、硅胶配件等。

Cast iron Features

铸铁系列

- 珐琅铸铁锅"铸就"美味；
- 100% 法国原装进口；
- 强大内循环导热效果佳；
- 拥有 360° 烤箱立体式聚热
- 时尚靓丽易清洁保养。

Stoneware Features

瓷器系列

- 手工炻瓷　匠心之作；
- 每件经过 28 位专业工匠制作；
- 超过 1000° 高温烧制，低渗水率，安全健康；
- 耐高温达 260°，适用于烤箱、微波炉；
- 耐低温达 -20°，适用于冷藏冷冻；
- 长久使用，不易上色；
- 器形颜色多样，时尚家居之选。

舞林教母的别样生活

冰箱主人：小辰

　　曾经的综艺教母小辰老师，退休后的生活一样多姿多彩。爱旅游，爱种菜，据说都已经走遍了二十几个国家和地区呢！如今享受着天伦之乐的小辰老师，虽然满嘴说着老公的缺点，两人也是一路磕磕绊绊走过来的，但看得出老公对她是非常好的，家里的活都是老公做的。在家里从不做饭的小辰老师在节目里做了一碗阳春面，大受好评。

　　若说到现在什么是小辰老师最大的幸福，那一定是她的两个宝贝孙子啦！自家阳台种的各种新鲜蔬菜，就是给孙子们准备的！瞧瞧这位美人奶奶，那是多幸福啊！

Jacqueline
海陆空超级美少奶

特别推荐

食材：牛肉　　　辅料：菠菜

三文鱼　　　　　吐司面包（咸）

面条　　　　　　黄瓜

腌萝卜　　　　　芝士

花生酱

越南春卷皮

醋

小番茄

制作步骤：

1. 黄瓜榨汁加入花生酱、腌萝卜、醋打成汁做成冷面酱料

2. 面条下锅，将冷面酱料浇在面条上

3. 吐司烤香放入炒好的菠菜、五分熟的牛肉片、番茄片、芝士进烤箱三分钟

4. 将菠菜和煎好的三文鱼倒入色拉汁用越南春卷皮卷好，用空心菜苗点缀

TIPS

这是一道三合一便当，三文鱼春卷、蔬菜吐司、菠菜凉面组成。一整套的便当完全能符合各种挑食小朋友的需求！

1

2

3

食材：有机花鲢鱼
　　　豆腐

辅料：淀粉
　　　蒜粒
　　　姜粒
　　　葱花
　　　鸡蛋
　　　酒酿
　　　内酯豆腐
　　　郫县豆瓣酱
　　　芹菜叶

制作步骤：

1. 有机花鲢鱼片片好上浆、过水，鱼头用冷水慢余

2. 另起油锅加入辣油、辣椒粉、蒜粒、姜粒炒香，倒入豆浆、豆瓣酱做成酱汁

3. 豆芽、豆腐、鱼片打底，淋上酱汁，放上芹菜叶点缀即可

魏浩康
花样姐姐

1　　2　　3　　4

料理：花样姐姐

来 品尝第一道

吃出别样的豆浆

舞林教母的别样生活

疯狂的冰箱

5

跌宕起伏的滑稽人生

冰箱主人：陈国庆

因为一部情景剧《老娘舅与他们的儿孙们》红遍整个上海滩的阿庆爷叔，也做客节目，公开了自家冰箱。他也曾经为了赚生活费到处奔波，衣服湿透了还在坚持表演，所谓台上一分钟，台下十年功，这句话用在陈国庆身上真是再贴切不过了。

因女儿在加拿大读书，不会英语的他，为了女儿努力的去适应加拿大的生活。很早就没有父母的他对结发妻子非常好，人们都说他是怕老婆，其实他只是谦让老婆，夫妻相处之道最重要的不就是包容嘛！阿庆爷叔重感情、重家庭、重责任，地地道道的一个上海好男人。

Brian
法式香司

特别
推荐

食材：吐司
　　　鸡蛋

辅料：核桃
　　　牛奶
　　　黄油
　　　香蕉
　　　巧克力冰激凌

制作步骤：

1. 热锅中放入一小块黄油，熔化
2. 黄油中倒入牛奶，并加入白砂糖调匀冷却
3. 取 4 个新鲜蛋黄，打匀，慢慢与温热牛奶混合，成为奶浆
4. 将吐司完全浸透奶浆后，放在不粘锅中两面煎成金黄色
5. 锅中放入白砂糖加热，等到慢慢呈现焦糖色时，放入一块黄油
6. 倒入切片香蕉，一同翻炒，适当加入淡奶油
7. 收汁后浇在吐司上即可

Jacqueline
我很丑但我很温柔

特别推荐

食材：咸蛋黄
　　　面粉
　　　鸡蛋

辅料：开洋
　　　香肠
　　　西红柿

制作步骤：

1. 面粉加入鸡蛋、虾、牛奶搅拌成糊状
2. 干贝、虾皮用水煮开，用勺取适量面糊余水，做成面疙瘩
3. 西红柿、香肠切片，用油煸炒，并加入罗勒叶
4. 将炒好的西红柿配料倒入面疙瘩中一起烧煮
5. 油面筋和咸蛋黄放烤箱烘烤后，打碎混合作为配料

荧幕反派的真实柔情

冰箱主人：张国庆

继陈国庆之后，《疯狂的冰箱》又迎来了一位国庆爷叔。就是这位一不小心在影视圈内大红大紫的"大坏人"——张国庆。他曾在戏中，"毒打"谢霆锋，"陷害"贾静雯，更是被孙红雷恶狠狠地"敲诈"过，这"恶人"形象绝对深入人心。不过别看陈国庆演过那么多戏，但他其实也有自己的演戏准则，那就是床戏、吻戏一律不演！原因就在于这个荧幕前的坏人，其实生活里是个地地道道的妻管严，更是宠爱老婆的好男人。

每年情人节、每年老婆生日，张国庆都是甜蜜的巧克力伺候；老婆爱吃的、喜欢的东西，他可是样样都放在心里哦！所以这期的PK主题也多为师母爱吃的东西，这绝对是宠妻宠上天啊！

小熊
葱油拌面
加个浇头加个蛋

食材：面条
　　　猪油
　　　鸡翅

辅料：小葱
　　　京葱
　　　洋葱
　　　香菇

制作步骤：

1. 将京葱、小葱和洋葱一同切碎，熬葱油

2. 将酱油和冰糖熬制后，加入葱油中

3. 将大蒜切碎与鸡翅、猪油一同翻炒，加入酱油调味

4. 面条煮熟，放上煎好的鸡蛋和浇头

5. 淋上葱油即可

Mary
爱情大力丸

食材：肉糜　　辅料：洋葱
　　　　水果　　　　　番茄
　　　　鸡蛋　　　　　葡萄干
　　　　　　　　　　　核桃
　　　　　　　　　　　芝麻
　　　　　　　　　　　番茄酱
　　　　　　　　　　　鸡汤
　　　　　　　　　　　酸奶

制作步骤：

1. 将肉糜、鸡蛋、孜然粉调匀，制成肉丸
2. 肉丸进入猪油锅中油炸
3. 将番茄、葡萄干、洋葱、少许巧克力切块打碎炒制，再加入少许鸡汤，制成酱料
4. 将肉丸放入酱料中炖
5. 酸奶倒入杯中作为蘸料，串好肉丸即可

 1
 2
 3
 4

回忆的猪油料理

荧屏反派的真实柔情

5

食材：三文鱼

辅料：龙虾片
　　　柠檬
　　　淡奶油
　　　花生酱
　　　沙拉酱
　　　芥末
　　　鸡毛菜

制作步骤：

1. 三文鱼切块撒上盐、黑胡椒、柠檬汁，进行腌制

2. 龙虾片打碎，三文鱼两面沾上奶油后，再沾上龙虾片碎

3. 放入锅中煎

4. 花生酱加少许水，与沙拉酱、芥末、柠檬汁进行混合

5. 将焯水后的鸡毛菜，拌上沙拉酱

6. 摆盘即可

Jacqueline
一条会游的鱼

1　　2　　3　　4

料理：一条会游的鱼

5

两个话唠的大爆料

冰箱主人：李强、徐丹丹

这期的冰箱主人，绝对是一对欢喜冤家，吃货、话唠基本就是他们不二的标签了。他们就是，东方购物的强档组合，李强和丹丹，这两人一起上节目，绝对是相爱相杀的节奏。丹丹报怨李强超级抠门，十年友情，只在电视台请她吃过一顿盒饭！李强吐槽丹丹，碎碎念的无敌功力，人还不老就爱唠叨！这互相伤害的两人，这友谊的小船是不是翻得也太容易了些呢？！

虽说两人互相"嫌弃"着，但美食却是他俩的一致爱好。丹丹的父母是新疆知青，冰箱里满满都是新疆的味道，自己更是对奶茶、西瓜情有独钟。说到李强爱美食，那更是有些年头了。家里的刀具成套，他更是沪上百厨之一呢！

魏浩康
富贵石榴卷

食材：沙巴鱼柳
　　　芦笋
　　　即食海参
　　　小鲍鱼
辅料：酸奶
　　　小葱
　　　淀粉
　　　鸡蛋

制作步骤：

1. 鸡蛋液中加入面粉和食用油搅拌，在平底锅内摊成蛋饼

2. 沙巴鱼柳、芦笋、海参、鲍鱼洗干净切丁，焯水

3. 再加入 XO 酱一起翻炒

4. 小葱切段，焯水

5. 蛋皮包裹炒熟的食材，用葱段扎紧，做成福袋性质

6. 摆盘即可

Robin 代替 Brian

主料：番茄
　　　酸奶

辅料：麦片
　　　葡萄干
　　　青苹果
　　　黄瓜
　　　黄瓜花
　　　蜂蜜

制作步骤：

1. 黄瓜、青苹果榨汁混合，放入干冰中快速冷却黄瓜苹果冰沙

2. 明胶隔水加热至液态

3. 番茄切丁榨汁，加入蜂蜜、明胶，放入搅拌机打成泡沫状

4. 普通酸奶与老酸奶进行混合，调至浓稠

5. 麦片、葡萄干等进行摆盘即可

女神对垒争霸赛

—— 冰箱主人：赵若红、张芳 ——

女神若是碰上女神经，这会撞出怎样的火花呢！赵若红、张芳，这对圈内多年好友，就上演了一出女神争霸的好戏。这对闺蜜，谁是大胃王？你一定想不到，在赵若红纤细的身材之下，有着超级饭量。汉堡、生煎、馄饨、烤肉，似乎都是她的菜，重油重cheese是她的最爱。这种胃口和这种身材，怎能让旁边的张芳不艳羡呢！？

节目现场首次公开了两位女嘉宾家中的冰箱，没想到，一连串悬疑爱情故事开始了。赵若红的冰箱里惊现一把锋利菜刀，这会和她的悬疑小说家老公有关系吗？为此赵小姐现场苦思冥想，忏悔自己多年的任性行为。张芳自然满满一冰箱的四川味道，还有暖暖的幸福味道。

小熊
不要酱紫麻

主料：面粉
　　　腊肠

配料：啤酒
　　　黄瓜
　　　花椒
　　　鹌鹑蛋
　　　洋葱
　　　高原玉米
　　　蘑菇

制作步骤：

1. 黄瓜、蘑菇、洋葱分别切好备用

2. 在面粉中打入鹌鹑蛋，加入啤酒发酵后，下锅煮熟

3. 腊肠切块偶翻炒，与其它食材一同摆盘

4. 撒上玉米碎粒、芝麻，淋上热油

5. 淋上一圈辣油即可

主料：龙利鱼
　　　五花肉
　　　葱油饼
　　　冰激凌

配料：辣椒油
　　　花椒
　　　生菜

制作步骤：

1. 龙利鱼和五花肉切块，蘑菇切丁，一同加入辣椒油翻炒
2. 将花椒打碎，撒入冰激凌中
3. 葱油饼切成条状，放入油锅中复炸，过滤
4. 在巧克力酱中放入少量辣椒油
5. 将所有小食分别装盘，即可

Jacqueline

麻麻来了

1

2

3

4

Robin
左眼皮跳跳

食材：蛋糕粉　　　辅料：黄油
　　　糯米粉　　　　　　鸡蛋
　　　冰激凌　　　　　　牛奶
　　　马斯卡彭芝士　　　蓝莓
　　　　　　　　　　　　跳跳糖
　　　　　　　　　　　　蛋糕胚

◆　制作步骤：

1. 蛋糕粉、糯米粉分别加入植物油和冰水搅拌成糊

2. 将芝士揉成团，裹上面糊进行油炸

3. 白砂糖与跳跳糖混合后摆盘

4. 将鲜榨橙汁挤出，用小吸管插在油炸芝士团上

5. 将白糖熬成焦糖，并拉成糖丝

◆　6. 摆盘即可

申花名宿的绿茵恩仇路

冰箱主人：吴金贵

吴金贵，这个名字在上海球坛可谓是响当当的。他曾经多次出任上海几支球队的总教头，更是和申花有着深厚的情结与渊源。这一期的《疯狂的冰箱》，吴指导不仅贡献了家里的冰箱，更是给广大球迷们带来了登巴巴伤情的最新进展。

作为一个在足坛摸爬滚打、起起伏伏多年的教练，吴指导相当坦诚，独家回应了那些年我们对申花的所有疑问。当年他为何离开申花队？他的宝马车被砸事件？更有他对当年足坛假球案的个人看法。这个经常以球队为家的男人，即使事业再成功，他依然觉得最愧对自己的儿子。为了他的事业，他放弃了许多陪伴孩子的时间，当提及之前把孩子送出国读书的情景时，这个绿荫场上的儒雅教头也是红了眼眶。

Jacqueline
虾热情

食材：南美对虾
　　　百香果

配料：黄芥末
　　　蜂蜜
　　　薄荷
　　　白葡萄酒
　　　速食咖喱

制作步骤：

1. 百香果、黄芥末、蜂蜜放入锅中熬成酱
2. 对虾剥皮去虾线放入锅中煎
3. 喷入白葡萄酒
4. 熬好的酱垫底加入虾、薄荷叶摆盘即可

TIPS

在食用百香果时觉着太酸，可以搭配芒果，芒果可以中和百香果的酸味，同时百香果可以为芒果解腻。

食材：干贝
　　　三文鱼

配料：红豆
　　　薏仁
　　　三文鱼籽
　　　酸黄瓜
　　　青柠
　　　老干妈

黄品棠
梅开二度

制作步骤：

1. 干贝撒盐 入锅煎香

2. 三文鱼切片，撒上白糖用火枪喷烤

3. 将柚子酱、酸奶、青柠拌匀，酸黄瓜、花椒油、老干妈、芝麻酱、白糖搅拌，制成八味酱

4. 将红豆、干贝、酸奶、柚子酱、三文鱼籽放入器皿，薏仁垫底，加入三文鱼片及八味酱

5. 配饰，加入干冰即可

Robin
仲夏泡泡

特别推荐

食材：牛奶   辅料：大豆软磷脂粉
  苹果   奶油
  西瓜   饼干
  哈密瓜   Mascarpone 芝士
  草莓   草莓酱
  樱桃
  树莓

◆ 制作步骤：

1. 牛奶加热至 43 度，加入大豆软磷脂粉，搅拌均匀
   放入气泵等待发酵
2. 将西瓜分解成形态各异的西瓜圈
3. 树莓、草莓、樱桃、苹果切配，哈密瓜削成丝
4. 加入 Mascarpone 芝士、蜂蜜、奶油搅拌制成酱料
5. 摆盘

6

7

8

5

SICOLY-SICODIS 农业集团成立于1962年，是法国最大的新鲜水果种植集团，为法式甜品店、西餐厅、冰淇淋工厂和酒吧等专业领域提供各种冷冻和半制成品水果。

又伊鲜 品牌介绍 ⊗

又伊鲜味匠世家来自日本九州大分县的拥有150多年历史的酱油工坊「Marumata」。
又伊鲜是「Marumata」的汉化名，150多年来又伊鲜只专注做一件事：恪守匠心精神，用古法酿造工艺，做一瓶好酱油。每一滴用心酿造，每一瓶又伊鲜，皆是百年工艺的传承。

原酿酱油 ⊗ （原味·鲜味）

- **严选原料，传统工艺酿造**

  日本原装进口，精选非转基因大豆，坚持古法传统酿造，带来天然鲜美的口感。原味酱油口感咸鲜，适合烹饪入味菜肴；鲜味酱油略带甜味，适合凉拌蘸食，更符合江浙及南方地区口味。

- **无化学食品添加剂**

  无防腐剂、味精、色素及其他化学食品添加剂，浓郁醇正的豆香。

- **低盐更健康**

  又伊鲜酱油的含盐量要比国产酱油低30%-40%，在烹饪过程中可代替盐和味精使用，在保证美味的同时达到了与健康的平衡。

柚子酱油 ⊗

- **进口鲜榨柚子汁**

  采用日本进口鲜榨柚子果汁，更好保存了柚子原有的营养价值，富含维他命C、果胶、柠檬酸，有着诸多对人体有用的功效。

- **又伊鲜原酿酱油**

  原料采用日本原产进口又伊鲜原酿酱油，使用优质非转基因大豆原料以及天然水源，秉承传统酿造工艺，6个月酿造而成。

- **果调新概念**

  口感清新，增鲜去腥，可用于凉拌色拉，蒸鱼，烧烤，牛排，火锅等多种用途。
  （注：柚子酱油因含有鲜榨柚子果汁，因此不适合加热烹饪，加热后柚子果香将会挥发。制作热菜时只需最后淋在菜肴上即可。）

五星名嘴大话淘汰赛

冰箱主人：译男

译男和娄一晨，可谓是上海家喻户晓的体育主持！这对好兄弟保持几十年友情不变的绝招，那就是互相戳轮胎！娄一晨现场抱怨译男曾带头闹洞房，预设九个闹钟埋伏在新房中，让他和太太一晚上除了数礼金，就剩下找闹钟了。这俩兄弟曾经一起主持、一起蹭饭、一起追女生，点点滴滴都是哥们之间的义气和情谊。

译男这个上海滩上有名的吃货，其实生活中却是半点厨艺都不会呢。不过好在经过他多年培养，他太太的厨艺可是十分了得，不然怎么能将对食物极度挑剔的译男，养的白白胖胖的呢！

小熊
干柴烈火

食材：牛肝菌
　　　粽子
　　　松茸

配料：豆皮
　　　肉糜
　　　洋葱
　　　迷迭香

制作步骤：

1. 将松茸切片，慢火煎
2. 洋葱、肉糜等配料切碎慢炒
3. 将粽子放入洋葱等配料炒熟
4. 用火枪将大料和迷迭香烤熟
5. 用豆皮将煎好的松茸包裹后油炸，摆盘

 1
 2
 3
 4

食材：牛里脊
　　　虾仁
　　　青苹果
配料：鸡蛋
　　　鱼籽
　　　洋葱
　　　彩椒
　　　柠檬
　　　辣椒籽
　　　醋

制作步骤：

1. 将洋葱、彩椒等配料切碎备用
2. 将生牛肉与虾仁切碎
3. 加入配料和柠檬汁及生蛋黄搅匀
4. 将青苹果削成长薄片，将牛肉馅卷入
5. 放上鱼子酱，摆盘

杨文
放牛的水手

胖嘟嘟

特别推荐

食材：肥牛卷　　　　制作步骤：
　　　木瓜

辅料：椰浆
　　　馄饨皮
　　　春卷皮

1. 将馄饨皮切碎并油炸

2. 木瓜去籽切条放入肥牛卷中，裹上生粉油炸

3. 将春卷皮切丝炸熟

4. 椰浆倒入热水中，烧开调匀

5. 将肥牛卷裹上椰浆和馄饨皮碎

6. 摆盘即可

滑稽笑星的转型梦

冰箱主人：骆文莲、陈靓

骆文莲曾经有一段时间不敢登上舞台，主要源于自己的父亲。在一次演出中骆爸爸不慎从高处坠落，摔倒后脑，在将爸爸送医途中鞋子跑掉都全然不知，但最终骆爸爸还是抢救无效，这对骆文莲可谓是致命的打击。

身为母亲的骆文莲在送女儿出国时，并没有像其他母亲一样表现出任何依依不舍的样子，而是将女儿送到机场转身就走，她的女儿因此也郁闷了很久。

陈靓是出了名的保护家人，从来不会带老婆、儿子在荧屏前露面，但他此次却谈起儿子出生的那天。当天虽没有演出，但他自己却化了妆，穿了红色的外套隆重的去迎接孩子的降生。等儿子出生的那一刻，护士们却都拿着相机给陈靓拍照。

食材：椰蓉月饼

辅料：椰丝
　　　脆蛋卷
　　　草莓巧克力酱
　　　果酱

制作步骤：

1. 将椰蓉月饼捏碎加入椰
   丝、脆蛋卷碎搅匀
2. 将搅拌好的月饼搓成球
   状做成棒棒糖型
3. 喷上冷凝剂
4. 外面裹上果酱或草莓巧
   克力酱和蛋卷碎
5. 摆盘即可

Robin
中秋月饼大拯救

Jacqueline
无花果树下

食材：无花果
　　　大虾
　　　泡姜

辅料：鸡头米
　　　桂皮

制作步骤：

1. 大虾用黑胡椒、柠檬汁腌制，鸡头米煮熟备用
2. 无花果用油煸炒后放入搅拌机，加入泡姜打碎
3. 大虾煎熟加入桂皮粉调料
4. 鸡头和无花果加入泡姜汁，洒在大虾上
5. 摆盘即可

Brian
小时候

食材：苹果
　　　面包

辅料：鸡蛋
　　　牛奶
　　　鲜奶油

制作步骤：

1. 牛奶加热后放入黄油、鸡蛋、鲜奶油搅拌
2. 面包、苹果切丁，加入搅拌好的鸡蛋牛奶中
3. 将混合好的面包牛奶，放入烤箱中
4. 装盘后加入冰淇淋搭配即可

食材：糟卤猪脚
　　　无花果
　　　生菜
辅料：黄瓜
　　　牛油果

小熊
金刚猪立叶

制作步骤：

1. 猪脚切碎，用泡椒汁腌制
2. 调味瓶中加入调料制成油醋汁
3. 鸡头米、毛豆热水氽熟，黄瓜、无花果、牛油果切片
4. 将有机豆苗、冰草、芹菜与切好的食材用油醋汁拌匀
5. 黄瓜片铺底，撒上黑胡椒、油醋汁，放入拌好的沙拉，加花瓣、松子点缀

食材：鸡腿肉
　　　杏鲍菇
辅料：面粉

返"朴"归真

制作步骤：

1. 鸡腿去皮去骨切块，杏鲍菇切块后用麻油翻炒，加入酱油、料酒、盐、糖、中药酱料、热水进行炖煮
2. 面粉加入油炒成油面糊，小葱切成葱花
3. 面团压平，刷上炒好的油面糊，撒上葱花卷成卷，切段、按扁
4. 葱油饼入油锅煎，上色后入烤箱
5. 锅中挑出鸡骨，加入切好的青红椒块翻炒，摆盘

新闻主播的生活大公开

冰箱主人：于飞

80后东方卫视新闻男主播于飞，携手同事兼好友李菡，一同来《疯狂的冰箱》做客啦！于飞自从高中毕业离开家，就开始了丰富的人生旅途。大学时，他是首都体育学院学的篮球专业，虽然同现在的工作有很大差别，但是体育所赋予他的竞争意识、变通意识、团队意识，至今依然让他受益匪浅。在北京上学，在韩国交流，在山西台工作，后来又去了云南电视台，最后辗转来到了东方卫视，这个一米八的高个主播，无疑给新闻播报带来了一丝轻松诙谐的清风。

在本期节目中，于飞和李菡互相吐槽新闻主播台后的各种趣事囧事。我们更是把普通话考试带到了现场，让于飞大呼头疼！

常回家看看

主料：羊肉
　　　馄饨皮

配料：洋葱
　　　胡萝卜
　　　黑木耳
　　　黄花菜
　　　韭菜
　　　泡菜
　　　鸡蛋

◆　制作步骤：

1. 胡萝卜切丁，黄花菜切段

2. 泡菜、土豆、洋葱、羊肉、黑木耳，入油锅中煸炒，加入鸡汤、醋和酱油调味

3. 鸡蛋打成蛋液，做成蛋皮，切丝，加入浇头中

4. 羊肉切丁，加入盐、洋葱碎、胡椒粉，混合搅拌

5. 羊肉馅包入馄饨皮中，入水下熟

6. 煮熟的馄饨加入浇头汤料中，撒上韭菜末，即可

杨文
飘羊过海来看你

主料：羊排
　　　胡萝卜

辅料：柠檬
　　　洋葱
　　　芦笋
　　　芹菜
　　　小青豆

制作步骤：

1. 芹菜和洋葱切碎，胡萝卜削皮
2. 蔬菜末、胡萝卜皮，加入盐橄榄油，与羊排一同腌制
3. 小青豆在橄榄油中翻炒，加盐调味
4. 炒制过的小青豆放入料理机内粉碎
5. 青豆泥放入锅中，加入一块黄油，加热炒制
6. 将羊排、洋葱块、胡萝卜、芦笋一同在饼铛上烤
7. 淋上橄榄油，烤熟
8. 装盘淋上橄榄油，撒上黑胡椒即可

1

2

3

金秋食材争夺战

冰箱主人：吴爱艺、王冰皓

疯狂的冰箱

街头PK赛

金秋食材争夺战

疯狂的冰箱

小虎和杨文作为第二季收官之战的两队队长，而嘉宾吴爱艺和王冰皓则各自带着任务上路，一同开启他们这一季的"巅峰之战"！

两队需要在香黛广场现场制作并售出各自的美食，赚取相应的食材基金。吆喝、卖艺、杂耍，两位队长和嘉宾可是费劲苦心。最终小虎队赚取 650 元的食材基金，杨文队居然后来者居上，获利 888 元。

金秋食材争夺战

香蕉广场？

香蕉广场VVIP

疯狂的冰箱

金秋食材争夺战

完美配合

街头厨艺比拼

疯狂的冰箱

　　另一边，队员们通过抽签选择分组，并通过完成任务和游戏赢得优先选择箱子的权利，为了能赢，四位大厨可谓是使出了浑身解数！终于，在炎炎秋日烈阳之下，大家拿到了应得的食材基金，不过这钱嘛，在各种苛捐杂税之后，已经所剩无几啦！不少人就开始打起了自己冰箱的主意！

根据本期主题"意想不到的秋季美味",四位大厨开始了超市扫购。

Jacqueline 自己花园

小熊家整理料理神器

Brian 店里的极品榴莲

华尔道夫酒店精美餐具

鱼蟹泰团

食材：龙虾
　　　醉虾

配料：芋芳
　　　南瓜

制作步骤：

1. 熟芋芳加入熟醉虾，炒熟压碎

2. 烤熟队苔条放进面粉、水、油混合队面糊中

3. 煮熟队龙虾蘸上面糊放入锅中炸

4. 芋芳、南瓜、龙虾摆盘，放上鲜花装饰

食材：螃蟹
　　　鲍鱼

配料：小番茄
　　　红头蒜
　　　豆腐
　　　芒果
　　　榴莲

制作步骤：

1. 将红葱头、姜、蒜、小番茄、罗勒叶炒香
2. 加入叻沙酱、红咖喱酱、奶油，添水炖煮
3. 蟹块沾玉米淀粉炸熟
4. 加入芒果和调好队酱汁，一起炖煮
5. 盛出锅中，摆上蟹壳，撒让葱段

金屋藏娇

1
2
3
4
5

　　两队的美食各有千秋，两位嘉宾又无法说服对方接受自己的观点，所以由妮妮做出最后的决定，将团队赛的第一颗星星，颁给了"金屋藏娇"这道料理！

第三季

荧屏花旦的花样人生

———— 冰箱主人：袁鸣 ————

迷你可爱的练功服，精致新款的跑车模型，它们的主人就是——万千人心目中的女神，东方卫视著名主持人袁鸣！袁鸣老师携吃货好友海波来《疯狂的冰箱》坐客啦！

原来袁鸣小时候曾被挑中去练习体操，并参加了上海的第一支艺术体操队。除了主持一流，袁鸣还是个爱飙车的女汉子！曾经在德国、瑞典等多国开过车，不过唯独迪拜她是望而却步的，因为那里的沙丘颠簸严重实在是让人太受不了了。

爱主持，爱开车，袁鸣还曾采访过多国总统！而她直言快语的性格经常让各位总统们"聊不下去"，如此"调皮"的袁鸣家里的冰箱又会有哪些食材呢？

小熊
谬斯的早餐

食材：三文鱼

配料：鸡蛋
　　　蔬菜
　　　牛油果酱
　　　青柠檬
　　　黄柠檬
　　　橄榄油
　　　红菜头糖浆

制作步骤：

1. 冷锅冷油煎蛋，三文鱼切片剔骨，用喷枪烤熟

2. 煎蛋三文鱼排盘，撒上蔬菜丝，旁边挤上牛油果酱

3. 青柠黄柠皮锉成屑，花瓣、茴香点缀，煎蛋放上鱼子酱

4. 淋上红菜头糖浆、橄榄油、香醋，柠檬火枪喷2-3秒备用

小熊的一道《谬斯的早餐》深得袁鸣的喜欢，因为早餐一直都是袁鸣的一件头疼事。她对儿子营养需求十分看中，于是要求早餐花样丰富更要营养，接下来六位大厨就要接受真正的考验了！

Jacqueline
多彩童年

食材：鸡肉　鸡蛋　芝士　面粉

配料：脆饼　牛油果　甜酱　牛奶　火腿
　　　芦笋　酸奶　火龙果　番茄　香蕉
　　　猕猴桃　树莓　肉松　蜂蜜

制作步骤：

A.《包脚布》

1. 将面粉调制成面糊，用平底锅摊饼

2. 加入甜酱、鸡蛋、脆饼、鸡肉丝、芝士、肉松，装盘浇上甜酱

3. 香蕉、牛奶打成奶昔

B.《鸡蛋卷》

1. 将面粉、牛奶、鸡蛋制作成鸡蛋面糊

2. 鸡蛋面糊倒入平底锅中，加入芦笋丁、火腿丁卷好即可

3. 鸡蛋卷上撒上芝士碎，喷枪喷烤

4. 火龙果跟牛奶打汁

C.《早餐松饼》

1. 将面粉、糖、鸡蛋制作成面糊

2. 将面糊倒入平底锅上大小米奇模具中

3. 将成型的大小米奇松饼中间加入酸奶、树莓、蜂蜜

4. 猕猴桃跟牛奶，加蜂蜜打成汁

杨文
精致女人

食材：吐司　面条　鳕鱼

配料：芦笋　布丁　芝士
　　　巧克力　榛子酱　鸡蛋
　　　燕窝　蜂蜜

制作步骤：

A.《牛奶火腿吐司》

1. 吐司切成方形，涂抹巧克力榛子酱，放入芝士夹好蘸牛奶后放入烤箱烘烤

2. 奶油加入巧克力榛子酱，搅拌做成酱汁

B.《燕窝布丁》

1. 布丁倒入盘中

2. 将即食燕窝放到布丁上摆盘，淋上蜂蜜

C.《鳕鱼沙茶拌面》

1. 锅内加入橄榄油，油煎鳕鱼、芦笋

2. 面条下锅煮熟，拌入沙茶酱

3. 鳕鱼、芦笋、面条摆盘即可

牛仔很忙

食材：牛肉

配料：面粉

　　　抹茶粉

　　　番茄

　　　青椒

　　　鸡蛋

　　　洋葱

◆ 制作步骤：

1. 将面粉、抹茶粉加水、鸡蛋搅拌，做成面团，制作意大利手工面

2. 青椒、西红柿、洋葱切丁，牛肉切块入锅炒

3. 将煮好的意大利手工面加入炒好的底料即可

1

2

3

4

5

6

7

袁鸣由于经常会加班或直播到很晚，难免要吃点夜宵，身为吃货的她虽然知道清淡更健康，但还是难抛却重口味的美食。这道《牛仔很忙》奇妙的组合，充分让她的味蕾得到了极大的满足。

白天不懂夜的黑

食材：牛排
　　　鹅肝

配料：洋葱
　　　蘑菇
　　　酸黄瓜
　　　鱼子酱
　　　小水萝卜

制作步骤：

1. 洋葱、蘑菇、酸黄瓜切末，小萝卜切瓣，用黄油煎好待用
2. 另起锅煎牛排跟鹅肝，牛排上放入迷迭香，后进入烤箱烘烤，煎好后的鹅肝用火枪喷烤
3. 洋葱、黄油、蘑菇一起熬煮，加入红酒、辣油、花椒油、醋制作酱汁
4. 依次将酱汁、牛排、鹅肝按从下到上到顺序摆盘，鹅肝上点缀鱼子酱

年代戏女王的别样生活

冰箱主人：戴娇倩

戴娇倩，这位似乎是从年代戏里走出来的温婉女子，曾在电视剧《花季雨季》中担当主演，并凭借该片获得第17届中国电视金鹰奖最佳女主角提名。这位以苦情戏出名的影视红星，谁曾想却是一个地地道道的上海妹妹，而且骨子里有着和外表截然相反的独立与大气。

这期节目中，戴娇倩不仅公开了自家冰箱，更是将多年来对爸爸的感恩，对老公的感动和初为人母的心情，一一与我们分享。其中，父亲对她演艺事业的默默支持，以及她陪父亲度过的生死难关，让现场所有的人为之动容。

蟹蟹你的爱

特别
推荐

食材：牛肉
　　　梭子蟹

辅料：圆葱
　　　鸡蛋
　　　牛奶
　　　大蒜头
　　　生姜
　　　牛奶

制作步骤：

1. 用麻油将姜片、大蒜头、圆葱片炒香

2. 牛肉切成小丁，加入少许牛奶，与蛋清一起打匀

3. 将肉末蛋清入油锅中炸成蛋芙蓉，过滤

4. 梭子蟹切块，放入洋葱锅内一同翻炒

5. 加水，倒入蛋芙蓉

6. 将剩余蛋黄打匀，均匀倒入蟹汤中

7. 略微收汁后，放入葱段，撒上黑胡椒并调味

抓住你的胃

食材：卷心菜菜饭　　◆　　制作步骤：

　　　　八爪鱼

配料：熟芋艿

　　　　豇豆

　　　　飞鱼籽

1. 豇豆、芋艿、八爪鱼过水焯熟

2. 辣椒酱、泡脚酱、酱油加入八爪鱼中，炒熟

3. 少许水中加入芝麻酱、熟芋艿、飞鱼籽调匀成浆

4. 卷心菜菜饭中加入烧熟的豇豆

5. 淋上芋艿浆和八爪鱼即可

食材：牛棒骨　　◆
　　　生大米

配料：咸肉
　　　豆瓣
　　　腊肠
　　　鸡蛋
　　　杏仁
　　　面粉
　　　迷迭香
　　　黄油
　　　花生米　　◆

深入骨髓

制作步骤：

1. 杏仁片、花生米炒香，放入泡过水的大米和豆瓣，上火焖煮

2. 牛棒骨撒上黑胡椒、迷迭香、面粉，加入黄油煎至半熟，入烤箱

3. 咸肉、腊肠炒熟后放入米饭中

4. 鸡蛋放入保温杯中焖 6 分钟，做成温泉蛋

5. 将牛骨髓、温泉蛋和煲仔饭拌匀即可

法制主播的吃货人生

冰箱主人：陶淳

　　曾经创造沪上收视率奇迹、家喻户晓的法制主播陶淳作客这一期《疯狂的冰箱》！因为父母生活在杭州而自己在上海工作的缘故，父母没法及时看到陶淳的节目，细心的陶淳就会把自己的节目用录影带录下来寄给父母，一盘盘的录影带承载着不少的回忆。

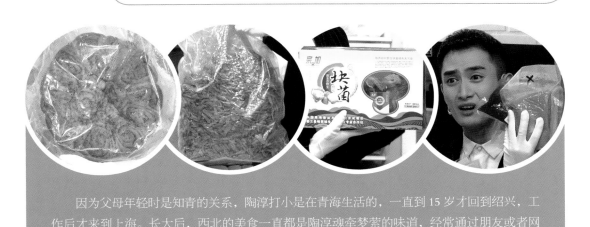

　　因为父母年轻时是知青的关系，陶淳打小是在青海生活的，一直到15岁才回到绍兴，工作后才来到上海。长大后，西北的美食一直都是陶淳魂牵梦萦的味道，经常通过朋友或者网购青海美食。

杨文
绝世无双面

食材：意大利面
　　　银鱼
　　　蛤蜊
配料：紫蒜
　　　小番茄
　　　罗勒叶

制作步骤：

1. 意大利面放在开水里煮，煮至面中有隐隐白芯
2. 紫蒜用橄榄油扁香，放入小番茄、蛤蜊、罗勒叶翻炒，再倒入大锅中加水焖，至蛤蜊开口
3. 8 分熟意大利面沥水捞出，加入焖好的蛤蜊番茄汁，让意大利面入味
4. 倒些许橄榄油勾芡，加黄油、芝麻菜拌匀
5. 装盘后放上小银鱼

浓浓南北情

酷爱吃鱼的馋猫陶淳老师，想要大厨们为他带来一顿"猫的盛宴"，但由于自己生活环境经历的缘故，他想要将西北和江南的味道相结合，面对如此具有挑战性的题目，大厨们又会带来怎样的美食呢？

食材：鲳鱼　　配料：牛肉
　　　　宽面　　　　尖椒
　　　　　　　　　　彩椒
　　　　　　　　　　番茄
　　　　　　　　　　洋葱
　　　　　　　　　　黑蒜
　　　　　　　　　　萝卜干

制作步骤：

1. 锅中倒入食用油，放入姜片、萝卜干煸炒
2. 鲳鱼洗净，改刀切成段，入油锅中，加水、酱油、盐焖煮
3. 宽面切段，下水煮熟
4. 牛肉切成小块，尖椒、彩椒、洋葱、番茄切块、蒜苔切段，黑蒜切片；所有配料倒入锅中煸炒
5. 煮熟的面倒入锅中一起煸炒，加入辣椒酱、黄油调味
6. 摆盘即可

疯狂的冰箱

深入我心 桃之天天

食材：桃子
　　　馄饨皮
　　　豆腐皮

配料：虾仁
　　　猪肉糜
　　　蟹黄
　　　菌菇
　　　白木耳
　　　红枣
　　　枸杞
　　　黑蒜
　　　糖

制作步骤：

1. 桃子去皮后入水煮，加入红枣、枸杞、白木耳煮熟成糖水

2. 糖水沥出用液氮快速冷却成冰，打碎成冰渣

3. 桃子捞出后撒上白糖，表面用喷枪烘烤成焦糖

4. 猪肉糜、蟹黄混合做成肉馅，加入适量盐和六月鲜调味包馄饨

5. 豆腐皮抹上黄油，撒上白糖放入烤箱中烤

6. 蟹糊加入大蒜、料酒加热，馄饨煮熟后捞出，撒上蟹糊

7. 摆盘即可

海底总动员 奶声奶气

食材：鸡腿
　　　海参
　　　虾仁
　　　玫瑰面包

配料：布丁
　　　牛奶
　　　红枣
　　　薏仁
　　　葡萄干
　　　酸黄瓜

制作步骤：

1. 鸡腿改刀，氽水；虾仁氽水

2. 红枣去核，玫瑰面包弄碎，撒上葡萄干、薏仁，倒入布丁，放入烤箱中烤

3. 水中加入牛奶，放入红枣、枸杞、葡萄干、薏仁、酸黄瓜、氽好水的鸡腿、虾仁，加入淀粉勾芡

4. 摆盘即可

吃货老娘舅的双重人格

———— 冰箱主人：黄飞珏、海燕 ————

　　老娘舅里的"愤怒主播"与"毒蛇主持人"——黄飞珏、海燕，坐客《疯狂的冰箱》啦！荧幕前"易燃易爆"的二人，来到《冰箱》却如此活泼可爱，简直与老娘舅里的他们判若两人！

　　黄飞珏家中的冰箱食材，肉类为他准备，其他则多是太太准备的，而表面雷厉但内心细致的黄飞珏，其实也会在细节上，关心和爱护家人。妻子在前阵曾查出有很小的可能性得严重的病，但已经约好与闺蜜同游，体贴的黄老师就悄悄买好机票，决定陪妻子一起去，而这些小事在他看来微不足道，但却深深温暖了妻心。

在海燕的冰箱常温区中，居然放着许多化妆品和药品，她喜欢在出去旅游时买各种药回家。但海燕是个特别怕上医院的人，因为曾有体检被误诊成癌症的经历，在等待结果的日子里让她焦急难熬，坐立不安，但她仍在做完检查当天坚持录像，还好最后的结果是良性的，而她知道好消息的第一时间居然是打电话约闺蜜去吃宵夜，可见海燕也确实是个顶级吃货。

食材：鲳鱼
　　　牛肉

配料：腊肉
　　　北菇
　　　木耳
　　　芹菜

杨文
重"腥"开始

制作步骤：

1. 大蒜、生姜炒香，放入裹好面粉的鲳鱼煎
2. 牛肉、木耳、北菇、鸡蛋、芹菜和米饭炒香
3. 鲳鱼加入酱油炖熟
4. 浇在炒好的米饭上，撒上葱花即可

食材：烧腊　　　配料：芹菜
　　　咸鸡　　　　　　蟹味菇
　　　咸肉　　　　　　总统黄油
　　　出前一丁　　　　奶酪
　　　　　　　　　　　牛奶

一个亿也不如一个你

制作步骤：

1. 泡面煮熟
2. 蟹味菇、咸肉、咸鸡用黄油炒香
3. 加入水、牛奶煮成汤
4. 烧腊、咸鸡、奶酪、鸡蛋和出前一丁炒香
5. 炒好的出前一丁配汤即可

戒不掉的味道 戒不掉的人

食材：芒果

配料：奶油

　　　椰奶

　　　红心火龙果

　　　蓝莓

　　　玫瑰花瓣

　　　凤梨

◆　制作步骤：

1. 芒果刨成片

2. 红心火龙果与凤梨切片后，加入奶油、椰浆搅拌成酱汁

3. 奶油、椰奶低温搅拌做馅料

4. 保鲜膜包裹芒果，放入氮液中冷冻

5. 在之前火龙果和凤梨汁中加入蜂蜜，撒上玫瑰花瓣，摆盘即可

◆

1　2　3　4

疯狂的冰箱

5

吃遍世界美味 不如家的味道

食材：韭菜饺子
　　　手抓饼

配料：肉糜
　　　芝士

◆　制作步骤：

1. 饺子煮熟

2. 手抓饼切片，入油锅炸脆

3. 肉糜炒香加入火锅调料、牛奶、辣椒

4. 饺子摆盘入煎锅中加入芥末酱、肉糜、芝士，放入烤箱烤

◆　5. 摆盘即可

1　2　3　4

疯狂的冰箱

5

相声新势力之笑傲人生

冰箱主人：卢鑫、玉浩

　　卢鑫玉浩，这对第三季《笑傲江湖》中展现出不凡实力的相声新生代，以 469 票登上决赛擂台，并一路过关斩将，摘得桂冠。

　　玉浩是位山东小伙，从小在收音机里听戏曲听相声，也从此迷恋上了这项艺术。离家之后，无论生活有多艰难，他始终没有放弃相声这个舞台。他经历过一碗方便面吃三天，经历过不收钱的演出，但所有的困难在现在看来，都已过去，这次的成绩最好的证明了这些付出都是值得的。

　　如果说玉浩是坚韧的传统的，那卢鑫绝对是另一个极端，他是一个会跳街舞，模仿迈克尔杰克逊极像的相声演员。卢鑫最初并没有对相声有如此大的执着，他只是简单的认为，十八般才艺样样都会，绝对能养活自己。就是这么一个简单的想法，也让他走入了相声的世界。

特别推荐

Jacqueline
煲你满意

食材：蛏子　　辅料：豆腐
　　　丝瓜　　　　　黄酒
　　　鸡蛋　　　　　味增汁
　　　米　　　　　　小生菜
　　　　　　　　　　葱姜

制作步骤：

1. 将米淘洗完，焖煮米饭，煮饭过程中滴入一滴香油
2. 蛏子洗净，与葱姜黄酒一同焯水
3. 蛏子取肉去壳
4. 丝瓜去皮改刀
5. 鸡蛋打散放入油锅中翻炒取出
6. 丝瓜加入少许水，炒熟，再加入炒好的鸡蛋和蛏子肉
7. 豆腐切块与切成丝的小生菜，放入味增汁，加热成汤

Jacqueline 这道丝瓜料理直戳玉浩泪点，对于常年没有回家的玉浩，从一姐的菜里吃出了妈妈的味道。美食给予我们不仅是味蕾的满足，更是唤醒记忆深处那个最温暖的一刻。

1

2

3

食材：墨西哥饼皮　　配料：柠檬
　　　卷心菜　　　　　　牛油果酱
　　　番茄　　　　　　　番茄酱
　　　洋葱　　　　　　　芝士
　　　香菜　　　　　　　矿物盐
　　　豆腐　　　　　　　虾酱

Mary
笑口常开
好彩自然来

制作步骤：

1. 豆腐切丁焯水
2. 洋葱、番茄、香菜切好，加入柠檬汁，与矿物盐拌匀
3. 豆腐加入虾酱、辣椒爆炒，卷心菜刨丝
4. 将墨西哥饼皮炸成贝壳状，将豆腐卷心菜、牛油果酱、番茄酱、芝士放入饼中
5. 泡上一杯红茶，加入蜜桃、糖和冰块，摆盘即可

食材：猪里脊
　　　草菇
　　　大葱
配料：葱姜蒜
　　　可乐

杨文队
开心满堂

制作步骤：

1. 猪里脊切丝，加入蛋清和盐搅拌
2. 草菇、葱姜蒜、大葱、洋葱切配好
3. 葱姜、洋葱入油锅煸炒，加入肉丝，放入调料、可乐，再进行勾芡
4. 草菇加入蒜头后煸炒，调味
5. 摆盘即可

天天兄弟吃货经

大头、鸵鸟、抠门、冷笑话……是天天兄弟钱枫的标签；

生活中，他却化身"买单王"，重情重义，朋友圈广泛；

拥有撩人实力唱功的他还曾收获天后王菲点赞。

论喝，他酒量惊人，能喝下一卡车的薛之谦；

对吃，他是认真的。从《恰同学少年》里的"小鲜肉"逐步"膨胀"为如今的"鸵鸟王子"，这都源于他对吃的热爱。把主食当零食，把"臭味"当美味，不走寻常路的他对吃有着自己的理解和坚持。这不，因为爱吃，索性还开起了自家的抄手店。

臭也可以很美

食材：臭豆腐　　配料：虾仁

韭菜　　　　　　孜然

大肠　　　　　　芝麻

葱末

甜辣酱汁

面粉

辣椒粉

麻油

五香粉

制作步骤：

1. 将 虾仁用刀背碾碎，与咸蛋黄、臭豆腐、麻油搅拌在一起
2. 大肠切段，将虾仁豆腐陷塞入其中裹面粉，高油温炸一下，用甜辣酱回锅上色，撒上白芝麻、辣椒酱
3. 黄油煎韭菜抹上甜辣酱，撒上孜然、五香粉
4. 煎韭菜打底，放上大肠，浇上麻油，撒上葱末即可

小熊
臭美

食材：臭豆腐
　　　抄手
配料：核桃
　　　各种辣酱
　　　生姜
　　　芝麻油
　　　调味酱
　　　芝士
　　　鸡汤
　　　葱末
　　　香菜

制作步骤：

1. 生姜切末，葱切段，洋葱切末，进锅煸炒

2. 加入臭豆腐、芝麻酱、调味酱、辣酱、芝士、鸡汤做抄手汁

3. 抄手下锅煮熟

4. 抄手出锅浇上酱汁，撒上小葱末、香菜即可

桑拿牛牛抓到美人鱼

食材：牛肉　　配料：莴笋　　◆　制作步骤：
　　　　多宝鱼　　　　鹅卵石
　　　　梭子蟹　　　　黑胡椒粉
　　　　　　　　　　　高汤
　　　　　　　　　　　面粉
　　　　　　　　　　　葱花
　　　　　　　　　　　烤肉酱

制作步骤：

1. 牛肉打片抹上烤肉酱，多宝鱼去皮打片用面粉上浆，莴笋打片
2. 将蟹切段面粉上浆过油炸
3. 将鹅卵石微波炉加热到 250 度，拿出后放入炸好的蟹段、片好的牛肉，葱段
4. 最后加入高汤，放入片好的鱼片、莴笋片

东边的桃花西边开

食材：面粉　　配料：芦笋　　红酒
　　　蟹黄　　　　　生姜　　黑胡椒粉
　　　桃花胶　　　　黄油　　桂圆
　　　梭子蟹　　　　芝士　　黑枸杞
　　　　　　　　　　奶油　　薄荷叶

◆　制作步骤：

1. 面粉用烫面形式和面，搓成面疙瘩上锅煮，笋片打片儿

2. 梭子蟹切段加入蟹黄蟹膏熬汤作为拌面汤汁

3. 牛肉切段，用黄油煸炒，后倒入红酒、奶油、黑胡椒粉，最后盛盘

4. 将煮好的面条倒入蟹黄汤汁中，熬煮一会后盛盘，放芦笋片点缀

◆　5. 将桂圆、黑枸杞、桃胶、薄荷叶泡茶

荧幕主播的柔情似水

冰箱主人：刘彦池、赵琦鑫

本期《疯狂的冰箱》迎来了两位招黑体质嘉宾——刘彦池和赵琦鑫。招黑这件事，可不是小编我说的，看看各位大厨对赵琦鑫的评价，就略知一二了。爱撩妹、臭美、做作、奔放，赵琦鑫在四位大厨好友心目中的标签，可谓是一个比一个黑！不过，这一次，我们从两位的冰箱中，却发现了招黑背后，大家所不知道的一面。

刘彦池的冰箱中，被翻出了大量日式调料，原来她近期正在钻研厨艺，成天菜谱不离手，摆弄各种料理。当然，现场她也带了亲手煲的腊猪脚浓汤，得到了大厨们的高度好评！彦池不仅展现了贤惠的一面，更是面对主持人的狂轰乱炸，大度坦言之前恋情中的感恩点滴。赵琦鑫则是一改往日吊儿郎当的模样，真挚回应现在的感情生活，让人觉得幸福满满。

Robin
盖世英雄

食材：鸡蛋

　　　洋葱

　　　蘑菇

　　　青椒

　　　罗马生菜

辅料：帕玛森奶酪

　　　麻酱

　　　面包粒

制作步骤：

1. 将两个鸡蛋炒熟调味

2. 罗马生菜焯水

3. 小葱切碎混入鸡蛋中，一同包入生菜

4. 生菜卷切成段，加入麻酱和奶酪

5. 放上脆饼，鲜花摆盘即可

Brian
巧椰爆珠

食材：奶油
　　　巧克力
　　　椰奶
　　　冰激凌
　　　巧克力珠

配料：奶油咖喱酱
　　　椰丝

制作步骤：

1. 将奶油打发，加入液氮
2. 加入冰激凌、红咖喱、椰奶、奶油巧克力珠一起搅拌待用
3. 将搅拌后的奶油冰激凌，用小勺做成小块，放入液氮中，做成冰激凌片
4. 融化巧克力，加入苦瓜末
5. 冰激凌片裹上巧克力酱，放入液氮冷冻

Jacqueline
满地都是黄金甲

食材：三文鱼
　　　鸡蛋
　　　米饭

配料：咖喱酱
　　　芝士片
　　　木鱼花

制作步骤：

1、苦瓜、三文鱼去皮，苦瓜焯水

2、咖喱酱加入少量的水搅拌熬煮

3、翻炒三文鱼丁至全熟，取出备用

4、冷饭炒热后，加入三文鱼丁一起翻炒

5、打蛋，过滤蛋液，煎成蛋皮

6、起锅前加入苦瓜片、芝士片，进行包裹

7、将蛋皮盖在炒饭上，使用前，淋上咖喱汁，撒上木鱼花

最火女团的怪萌生活

冰箱主人：SNH48（孙芮、钱蓓婷、莫寒）

我们是SNH48 · 疯狂的冰箱

SNH48 这个大型女子偶像团体，近年来人气相当火爆，现如今 SNH48 共有 112 名成员，其粉丝数量年增长量达到了 400%。这一期的《疯狂的冰箱》就邀请了三位 90 后妹子，一起聊一聊女子偶像们的二次元生活。

在 SNH48 组合 2016 年的人气总决选上，元气满满的莫寒取得了相当不错的成绩。对于粉丝的这份喜爱，一方面她十分感谢，但另一方面也使她感受到了压力。就在不久前的一次录音，莫寒由于迟迟无法掌握粤语发音受到老师质疑，这样的遭遇对她产生了很大的冲击。为了能回馈那么多喜爱她的粉丝，莫寒瘦弱的身躯里藏着巨大冲劲要为自己证明！

呆萌少女钱蓓婷的演艺道路并不平坦。早早出道的她迟迟未获认可，这让她不免感到失落。就在她事业处于上升期时，父亲却病重住院。工作结束后她第一时间前往探望，透过病房窗户望着生病的父亲，那一刻她的内心充满着无奈和失落。性格乐观的钱蓓婷不愿轻易向困难低头，正在向着更高远的目标而努力！

来自东北的孙芮近来遇到了不少挑战。提及总决选的失利便立即红了眼眶。但她坦言，最令她难过的是失利过后，来自妈妈的责备令她大受打击。在这个花样的年纪，独自在外打拼，这让她难得能与父母好好沟通，也多了份与年纪不相符的成熟。她知道自己想要的，并正在为之努力。相信她定能走出困境，用成绩向父母证明。

食材：利比里亚火腿　　配料：松露油
　　　　鳕鱼　　　　　　　　洋葱
　　　　金枪鱼　　　　　　　脆哨
　　　　　　　　　　　　　　辣椒酱
　　　　　　　　　　　　　　大米脆片
　　　　　　　　　　　　　　罗勒汁

小熊

主人给你个拥抱

制作步骤：

1. 用松露油将鳕鱼煎熟

2. 将金枪鱼切碎，加入胡椒粉和葱末

3. 用火腿将鳕鱼包裹好，放入烤箱

4. 将金枪鱼馅固定成球状后摆盘

5. 将鳕鱼从烤箱取出，撒上柠檬皮末脆哨、
　 辣椒酱、罗勒汁和大米脆片，摆盘

食材：牛排　　　配料：小番茄
　　　　泡菜　　　　　　黄油
　　　　蔬菜沙拉　　　　洋葱
　　　　　　　　　　　　蜂蜜
　　　　　　　　　　　　糖浆
　　　　　　　　　　　　小干鱼
　　　　　　　　　　　　大蒜
　　　　　　　　　　　　焙煎沙拉

何成勋

二次元的力量

制作步骤：

1. 将油烧热放入大蒜和泡菜

2. 煸炒后加水煮炖

3. 将切好的小番茄和蔬菜沙拉摆盘

4. 在切好的牛排上撒上胡椒粉

5. 用黄油热锅后将牛排煎熟后撒盐，摆盘

含苞待放

食材：洋葱	配料：葱	◆ 制作步骤：
牛肉	芹菜	1. 将牛肉、腊肠切丁
卷心菜	奶酪	2. 洋葱、卷心菜等配料切配好
腊肠	奶油	3. 用黄油翻炒洋葱、腊肠和牛肉
米饭	鸡蛋	4. 加入盐、辣椒酱、米饭和葱花，继续翻炒
		◆ 5. 将蛋液和奶油用黄油煎熟，摆盘

疯狂的冰箱

5

重口味无伤害

食材：牛肉　　　配料：蔬菜
　　　方便面　　　　　蒜
　　　魔芋面　　　　　辣椒酱
　　　鸡蛋　　　　　　菠萝汁
　　　牛肉干

制作步骤：

1. 将方便面、魔芋面分别放入锅中煮熟
2. 牛肉切丁后炒熟
3. 将蛋清分离后放入水中慢煮后捞出，加入切好的牛肉干
4. 将切好的大蒜放入辣椒酱搅拌，加适量酱油和菠萝汁
5. 将面与辣椒酱搅拌匀，装盘

1

2

3

4

疯狂的冰箱
5

贤夫奶爸的甜蜜史

冰箱主人：陈立青

陈立青，从一个型秀唱歌出道的小伙子，现如今已经蜕变成一个超级奶爸啦！家里的各种吃喝用度，冰箱里的各种美食，都是老婆孩子的专属品。老婆爱养生，于是乎，家里阿胶、人参、海参……各类滋补品不断，老婆还悉心为立青准备了刮痧排毒疗法，有吃有喝还有保健效果，立青这日子过得可实在是惬意！

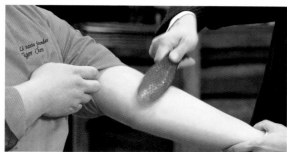

而儿子九哥的出生，无疑是立青人生的一个转折点。原来的毛头小伙突然意识到自己已经为人父了。九哥的营养膳食，开蒙早教，每一样立青都仔细呵护着。立青说老婆孩子是他这辈子最想保护的人，他也把这份感情写进了他的歌里，希望把这份爱传递给更多的人。

葱葱那年

特别
推荐

食材：刀削面　辅料：大蒜　　　　制作步骤：
　　　羊肉　　　　　姜
　　　京葱　　　　　蒜苗　　　　　1、将葱蒜切大片，熬制葱油
　　　小葱　　　　　西红柿　　　　2、将刀削面煮熟后激冷水
　　　　　　　　　　　　　　　　　3、羊肉和姜切片爆炒
　　　　　　　　　　　　　　　　　4、加入刀削面和葱油继续翻炒，摆盘

1　2　3　4　5

Brian
泪牛满面

食材：京葱　　　配料：葱姜蒜
　　　　小葱　　　　　　洋葱
　　　　意大利天使面　　麻辣烫底料
　　　　牛排　　　　　　西红柿
　　　　猪肘　　　　　　黄油
　　　　鸡蛋面

◆　制作步骤：

1. 将鸡蛋面炸熟备用
2. 猪肘皮切碎油炸成猪油渣
3. 切配葱姜蒜等配料备用
4. 将牛肉切片，加入洋葱、麻辣烫底料爆炒后加水勾芡
5. 在水中加入料酒，水开后下入天使面
6. 天使面煮熟后放入牛肉锅中搅拌

◆　7. 摆盘

食材：猪肘　　配料：阿胶
　　　虫草　　　　　香茅
　　　花菇　　　　　蒜
　　　　　　　　　　洋葱
　　　　　　　　　　香菜

就一大肘子

制作步骤：

1. 将猪肘和虫草、花菇、阿胶粉等香料
　 一同慢煮

2. 将柠檬汁、葱末、洋葱末和香菜混合，
　 加入胡椒粉、酱油和料酒

3. 将煮好的猪肘去除水分，入油锅煎，
　 加入酱油

4. 摆盘，撒上罗勒叶

食材：猪肝　　配料：虫草
　　　鳕鱼　　　　　葱姜
　　　海参　　　　　高汤
　　　阿胶块　　　　胡椒粉

熊熊火焰

制作步骤：

1. 猪肝切片后加入酱油和胡椒粉拌匀

2. 将鳕鱼去皮切丁，去除水分，加入面粉

3. 拌海参切丁备用，阿胶块切成小块

4. 爆炒猪肝

5. 将葱末姜片与高汤一同煮，并调味

6. 放入鳕鱼、虫草勾芡后，加入阿胶块
　 和猪肝

7. 撒上盐和胡椒粉，装盘

足坛名将的人生下半场

冰箱主人：孙吉

"吉祥兄弟"一直都是上海足坛的标志性人物，本期《疯狂的冰箱》的做客嘉宾正是哥哥孙吉。孙吉向来给人的印象都是严谨和勤奋，对于那些敏感话题，他总是以憨憨一笑来应对。可在这一期的节目中，他却展现了不为大家所知的一面。他不仅坦言了当年无奈退役的经过，还有多年来大家对比吉祥兄弟给他带来的心理压力。不过他也表示，一切都已经过去了，对足球的热爱他依然没有变过，只是把它换了一种方式去表达。

现在的孙吉，事业上，他倾注于青少年的足球发展，而且也是做的红红火火。在家庭上，儿子让他如获至宝，每天晒娃成了他必做的功课。这样的孙吉，相信他的人生下半场一样精彩万分。

特别
推荐

Robin
梦蝶

食材：巧克力
　　　草莓酱

辅料：草莓
　　　覆盆子
　　　栗子
　　　红心柚子
　　　食用金箔

◆ 制作步骤：

1、巧克力融化后搅拌，倒入半球状模具，放入干冰中瞬间冷却

2、巧克力脱模，并打洞

3、草莓和栗子都对半切开，备用

4、搅拌好的巧克力酱打底，放上半球状巧克力模型

5、依次放入巧克力酱、杯子蛋糕碎、栗子、草莓

6、裱花并搭配冰激凌球

7、白糖加热后成为糖浆，并拉丝成为鸟巢状，撒上食用金箔

◆ 8、摆盘即可

孙吉太太的名字中就有个"蝶"字，孙吉的家中也处处装点着蝴蝶的造型。Robin 的这款甜品可谓是量身定做，深得孙吉的欢心。

1　　　　2　　　　3

瑞士 Felchlin 巧克力精益求精的传统工艺满足并超越客户的高标准。造就了 Felchlin 现在的市场基准与格局。

金马奖得主的闪耀人生

———— 冰箱主人：唐群 ————

《疯狂的冰箱》迎来了第 48 届金马奖最佳女配角得主——唐群。这位老戏骨曾击败一同入围的刘嘉玲，夺得桂冠，也曾在《听风者》中"打"了梁朝伟三个响亮的耳光，为此，唐群可是觉得十分对不住这对夫妻呢。唐群是个可爱又风风火火的老太太，每件事都是精益求精。无论是做声乐老师，还是歌剧演员，或者是影视演员，她都希望展现最美最好的一面给大家。

小熊
真情茄意

特别
推荐

食材：茄子
　　　鳕鱼

辅料：春卷皮
　　　辣椒酱

制作步骤：

1. 将茄子切段，斜划几刀，入油锅炸熟

2. 将鳕鱼切块，黑胡椒等调味腌制

3. 春卷皮切成条，用于包裹鳕鱼和茄子

4. 入油锅炸

5. 炸至金黄色即可，辣椒酱配以蘸料

梦里水乡

食材：小米
　　　香蕉

配料：鳕鱼
　　　虾
　　　枸杞
　　　黄油
　　　春卷皮
　　　鸡胸肉

制作步骤：

1. 春卷皮刷上黄油，卷入香蕉
2. 撒上白砂糖后放入烤箱
3. 鸡汤中加入蒸好的小米，粉碎熬成粥
4. 虾和鳕鱼切配好焯水
5. 放入小米粥中加入枸杞，继续慢火熬
6. 摆盘即可

食材：茄子
　　　面条
配料：葱
　　　大蒜

制作步骤：

1. 将茄子蒸熟
2. 面条煮熟后，加入蒜末放入锅中油煎
3. 用麻油将面条煎成两面金黄色
4. 茄子、麻油、蒜和虾皮拌在一起调味
5. 淋在两面黄的面条上，撒上杏仁碎摆盘即可

丝滑般的感受

忧郁女王一辈子的心事

—— 冰箱主人：胡晴云 ——

说到胡晴云，大家一定会想到玫瑰金口，想到那个台上敢作敢为、多才多艺的女人。本期《疯狂的冰箱》打开的正是这个滑稽界女一号的冰箱。

很多人觉得胡晴云是个典型的上海作女人，脾气差，还是个迟到王，可真正了解她的都知道，她有一颗对艺术狂热的心。她曾经因为别人的不理解而郁郁寡欢，因为观众的冷言冷语而食不知味，但她始终没有放弃，她依然执着的想要做到最好。"玫瑰金口"绝对不输已经红遍全国的"海派清口"，更是开创了中国女笑星开专场、谈论"情感话题"的先河，内容高雅不失幽默感，胡晴云更是体现了上海女性独特的强大气场，堪称现代上海成熟女性的典范。

Brian
久旱逢甘露

特别
推荐

食材：芒果
　　　椰肉

辅料：淡奶油
　　　白砂糖
　　　饼干碎

制作步骤：

1. 芒果与椰肉加入少量的水，一同粉碎
2. 将淡奶油混入白砂糖，搅匀过筛，放
　 入微波炉加热
3. 将芒果浆倒入淡奶油上
4. 放上各种水果粒及饼干碎即可

Jacqueline
星光大道

食材：带鱼

配料：面粉
　　　梨子酱

制作步骤：

1. 带鱼去骨、切条，编织成麻花形状
2. 带鱼骨和带鱼条分别抹上面粉，放入油锅炸
3. 虹吸瓶中倒入梨子酱，作为酱料
4. 柠檬切片，摆盘即可

1

2

3

4

小熊
芝我心

食材：鸡蛋
　　　土豆
　　　鱿鱼花

配料：葱芝士
　　　面包糠
　　　番茄酱
　　　黑胡椒
　　　辣椒粉

制作步骤：

1. 鸡蛋与土豆泥混合搅拌
2. 鱿鱼花切丁，加入奶酪，放入土豆泥一起搅拌后，捏成球状
3. 土豆球依次裹上两层面粉，两层蛋液，两层面包糠
4. 放入油锅中炸成金黄色
5. 面包糠放入油锅中，加入黑胡椒粉和辣椒粉一起煸炒
6. 淋上新鲜番茄酱、炒好的面包糠、摆盘即可

1

2

3

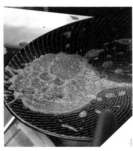
4

5

跨界学徒跨年狂欢夜

2016 年 12 月 31 日，夜。

　　这是《疯狂的冰箱》第三季的收官之战，也是大家度过的 2016 年最后一个夜晚。节目迎来了 6 位特殊的客人，他们不仅是前三季的冰箱主人，更是爱我们的忠实粉丝。今天，他们可是变身主厨，亲自下厨，带来精彩的料理 PK 呢！

丹丹、杨吕、王冰皓
新疆拉条子

食材：面粉
　　　羊肉

配料：大蒜
　　　西红柿
　　　青椒
　　　洋葱
　　　芹菜
　　　洋葱

制作步骤：

1. 和面，扯面，把面煮熟

2. 西红柿、洋葱、芹菜、青椒、羊肉切丁

3. 斜刀切大葱

4. 将所有配料放入锅中，加生抽、孜然和
　 大蒜爆炒

5. 炒完的浇头放在面上，即可

1　2　3　4

5

陈靓、黄飞珏、刘彦池
川味刀削面

食材：面粉
　　　鸡蛋

配料：辣椒面
　　　空心菜

制作步骤：

1. 面粉加鸡蛋、盐、橄榄油和开水，和面
2. 用刀削面，放入锅中煮熟
3. 干辣椒、辣油、蒜、老干妈混合，炒成油泼辣子
4. 空心菜焯水
5. 面捞出，拌油泼辣子，放上空心菜即可

节目录制的当天，正值 Brian 的生日，所有的大厨为了给他庆生，着实都费了一番功夫呢！《疯狂的冰箱》我们一同走过了三个季度，是伙伴，也是家人。愿我们所有的爱，通过美食继续传递下去！

上海兰硕贸易有限公司专营进口烘焙原料，其中包括比利时巧克力粒，巧克力球壳，水果果馅，甜品酱，迷你水果等。经过几年不懈的努力，公司成功在国内注册了"巧洛丽"这一品牌，销售网络覆盖了中国所有地区。

地址：上海市普陀区绥德路 889 弄 5 号楼 407 室

电话．：021－36535062

传真：021－36339182

图书在版编目（CIP）数据

疯狂的冰箱：明星 chef 们的料理魔法书 / 鲍晓群 编撰 .
-- 上海：上海书店出版社，2017.4
ISBN 978-7-5458-1423-1

I. ①疯… II. ①鲍… III. ①食谱 IV. ① TS972.12

中国版本图书馆 CIP 数据核字（2017）第 040969 号

疯狂的冰箱：明星 chef 们的料理魔法书
鲍晓群 编撰

责任编辑	沈佳茹
美术编辑	汪 昊
技术编辑	吴 放
出　版	上海世纪出版股份有限公司上海书店出版社
发　行	上海世纪出版股份有限公司发行中心
地　址	200001　上海福建中路 193 号
	www.ewen.co
印　刷	上海丽佳制版印刷有限公司
开　本	787×1092　1/16
印　张	17
版　次	2017 年 4 月第一版
印　次	2017 年 4 月第一次印刷
书　号	ISBN 978-7-5458-1423-1/TS.8
定　价	98.00 元